# 柴油车尾气净化催化技术

陈耀强　王健礼　著

科学出版社

北　京

# 内 容 简 介

本书系统介绍了柴油车尾气净化催化剂及其应用技术，主要包括柴油车尾气排放特点及排放控制技术、氧化型催化剂、颗粒捕集器、选择性催化还原 $NO_x$ 催化剂、氨氧化催化剂柴油车（机）尾气净化催化剂应用匹配及实例。

本书对从事柴油车尾气净化催化剂研发、排放管理的研究人员具有一定的参考价值，也可供高校化学、化工、环境保护等相关专业的本科生、研究生阅读和使用。

**图书在版编目（CIP）数据**

柴油车尾气净化催化技术 / 陈耀强，王健礼著. —北京：科学出版社，2021.6

ISBN 978-7-03-068832-3

Ⅰ. ①柴… Ⅱ. ①陈… ②王… Ⅲ. ①柴油机－汽车－排气－废气净化－催化剂－研究 Ⅳ. ①X701 ②TQ426

中国版本图书馆 CIP 数据核字（2021）第 097505 号

责任编辑：万群霞 孙 曼 / 责任校对：王萌萌
责任印制：吴兆东 / 封面设计：蓝正设计

科 学 出 版 社 出版

北京东黄城根北街 16 号
邮政编码：100717
http://www.sciencep.com

北京中石油彩色印刷有限责任公司 印刷

科学出版社发行 各地新华书店经销

\*

2021 年 6 月第 一 版 开本：720 × 1000 1/16
2021 年 10 月第二次印刷 印张：9 1/4
字数：185 000

**定价：98.00 元**

（如有印装质量问题，我社负责调换）

# 前　　言

近年来，随着经济的快速发展，我国的汽车保有量不断增加，已经连续10 年为世界汽车产销量第一大国，据《中国移动源环境管理年报（2020）》，2019 年，全国机动车保有量达到 $3.48 \times 10^8$ 辆，机动车污染已成为我国空气污染的重要来源，是造成灰霾、光化学烟雾污染的重要原因。全国机动车四类污染物排放总量初步核算为 $1603.8 \times 10^4$ t。其中，一氧化碳（CO）$771.6 \times 10^4$ t，碳氢化合物（HC）$189.2 \times 10^4$ t，氮氧化物（$NO_x$）$635.6 \times 10^4$ t，颗粒物（PM）$7.4 \times 10^4$ t。

汽车尾气治理是《大气污染防治行动计划》（简称"国十条"）落实的重大技术举措和《打赢蓝天保卫战三年行动计划》实施的重要技术保障。减少汽车尾气污染物排放的最有效方法就是降低单车排放，采用清洁汽（柴）油、提高发动机的燃烧性能、加装尾气净化催化剂是降低汽车单车排放的三种手段，其中尾气净化催化剂是减少汽车尾气污染物最关键的最后一道关卡。

机动车尾气净化催化剂主要包括以下几种：①汽油车尾气净化催化剂，包括三效催化剂（TWC）、催化型汽油车颗粒捕集器（CGPF）；②摩托车尾气净化催化剂，包括三效催化剂；③压缩天然气（CNG）车/液化石油气（LPG）车尾气净化催化剂，包括氧化型催化剂（GOC，稀薄燃烧）、三效催化剂（当量燃烧）；④柴油车尾气净化催化剂，包括选择性催化还原（SCR）$NO_x$ 催化剂、柴油车尾气净化氧化型催化剂（DOC）、催化型柴油车颗粒捕集器（CDPF）、氨选择性催化氧化（$NH_3$-SCO）催化剂。

这些催化剂技术对减少汽车尾气污染发挥了重要的作用，使汽车尾气排放从高排放向低排放、超低排放、准零排放和零排放方向发展。现已到准零排放阶段，大幅降低汽车尾气污染，最终消除尾气污染。国内缺乏系统介绍机动车尾气净化催化剂及其应用技术方面的书籍，笔者在《汽油及天然气汽车尾气净化催化剂技术》一书中已系统介绍了汽油车、摩托车及天然气汽车尾气净化催化剂及应用，本书系统介绍了柴油车尾气净化催化剂及其应用技术。

本书由陈耀强审定，王健礼统稿，撰写分工如下：第 1 章和第 6 章由吴干学、王健礼撰写，第 2 章由赵明、王健礼撰写，第 3 章由焦毅、王健礼撰写，第 4 章和第 5 章由徐海迪、陈耀强撰写。本书撰写过程中博士研究生梁艳丽做了整理和文字编辑工作，在此一并表示感谢。另外，本书主要参考文献列于每章最后，向相关文献的作者表示诚挚的感谢，如有疏漏也敬请谅解。

由于学识水平有限，不足之处敬请广大读者批评指正。

陈耀强　王健礼

2021 年 1 月于四川大学

# 目　　录

前言
**第1章　柴油车尾气排放特点及排放控制技术** ················· 1
1.1　我国柴油车发展现状 ············································ 1
1.2　柴油车尾气污染物的形成机理与危害 ························ 1
　1.2.1　一氧化碳 ··················································· 1
　1.2.2　碳氢化合物 ················································ 2
　1.2.3　氮氧化物 ··················································· 3
　1.2.4　颗粒物 ····················································· 3
1.3　柴油车尾气排放机内净化技术 ·································· 4
1.4　柴油车尾气排放机外净化技术 ·································· 6
1.5　柴油车尾气净化催化技术 ······································· 6
　1.5.1　柴油车尾气净化氧化型催化剂 ·························· 6
　1.5.2　柴油车尾气净化颗粒捕集器 ····························· 7
　1.5.3　柴油车尾气净化 $NO_x$ 控制技术 ······················· 8
　1.5.4　柴油车尾气净化氨氧化技术 ····························· 9
1.6　柴油车尾气净化催化剂的评价 ·································· 9
　1.6.1　柴油车尾气净化催化剂实验室评价 ····················· 9
　1.6.2　柴油车尾气净化催化剂台架及整车评价 ··············· 10
　参考文献 ··························································· 10
**第2章　柴油车尾气净化氧化型催化剂** ························· 11
2.1　催化氧化原理 ················································· 11
2.2　氧化型催化剂的催化材料 ····································· 14
　2.2.1　铈基稀土材料 ············································ 15
　2.2.2　耐高温高比表面积材料 ··································· 18
　2.2.3　分子筛 ···················································· 20
2.3　氧化型催化剂的发展现状 ····································· 20
　2.3.1　氧化型催化剂的组成 ····································· 20
　2.3.2　氧化型催化剂的种类 ····································· 21
　2.3.3　氧化型催化剂的制备技术 ································ 24

    2.3.4  氧化型催化剂的发展 ································· 26

  2.4  氧化型催化剂的发展展望 ····························· 27

  参考文献 ············································· 30

**第 3 章　柴油车颗粒捕集器** ································· 37

  3.1  颗粒捕集器过滤机理 ······························· 37

  3.2  颗粒捕集器的组成 ································· 38

    3.2.1  过滤材料 ··································· 38

    3.2.2  过滤再生技术 ······························ 40

  3.3  CDPF 催化剂的发展现状 ··························· 43

    3.3.1  贵金属催化剂 ······························ 44

    3.3.2  铈基复合氧化物催化剂 ······················ 45

    3.3.3  碱金属催化剂 ······························ 47

    3.3.4  非化学计量比氧化物催化剂 ··················· 48

    3.3.5  三维有序大孔复合氧化物催化剂 ··············· 49

  3.4  CDPF 的发展展望 ······························· 51

  参考文献 ············································· 51

**第 4 章　选择性催化还原 NO$_x$ 催化剂** ······················ 56

  4.1  选择性催化还原技术概述 ··························· 56

  4.2  NO$_x$ 储存还原净化技术 ··························· 57

    4.2.1  LNT 应用概况 ····························· 57

    4.2.2  LNT 过程简介 ····························· 58

    4.2.3  LNT 反应机理 ····························· 59

    4.2.4  LNT 催化剂 ······························· 60

    4.2.5  LNT 催化剂的失活 ························· 61

  4.3  碳氢选择性催化还原 NO$_x$ 技术 ····················· 63

    4.3.1  HC-SCR 技术简介 ·························· 63

    4.3.2  HC-SCR 催化剂种类 ······················· 64

    4.3.3  HC-SCR 反应 ····························· 64

  4.4  氨/尿素选择性催化还原 NO$_x$ 技术 ·················· 64

    4.4.1  柴油机 NH$_3$-SCR 系统组成 ················· 64

    4.4.2  钒基 NH$_3$-SCR 催化剂 ···················· 68

    4.4.3  分子筛 NH$_3$-SCR 催化剂 ··················· 73

    4.4.4  非钒基复合金属氧化物 NH$_3$-SCR 催化剂 ······ 91

  4.5  柴油机 NH$_3$-SCR 催化剂的发展展望 ················ 95

  参考文献 ············································· 95

第 5 章　氨氧化催化剂 ···················································· 106

　　5.1　氨氧化技术原理 ················································· 106

　　　　5.1.1　氨气的危害 ················································ 106

　　　　5.1.2　氨气泄漏 ··················································· 106

　　　　5.1.3　氨氧化反应 ················································ 107

　　5.2　氨氧化催化剂的种类 ··········································· 108

　　　　5.2.1　贵金属催化剂 ·············································· 108

　　　　5.2.2　分子筛催化剂 ·············································· 109

　　　　5.2.3　过渡金属氧化物催化剂 ···································· 110

　　　　5.2.4　双功能催化剂 ·············································· 111

　　5.3　氨氧化过程的反应机理 ········································· 113

　　　　5.3.1　NH 机理 ·················································· 113

　　　　5.3.2　HNO 机理 ················································ 114

　　　　5.3.3　$N_2H_4$ 机理 ············································ 114

　　　　5.3.4　i-SCR 机理 ··············································· 115

　　5.4　氨氧化催化剂的发展展望 ······································ 116

　　参考文献 ····························································· 117

第 6 章　柴油车（机）尾气净化催化剂系统集成与应用 ············· 121

　　6.1　柴油车后处理系统技术路线 ···································· 121

　　6.2　柴油发动机台架及整车测试方法 ······························ 122

　　　　6.2.1　柴油车台架及整车试验规则 ······························ 122

　　　　6.2.2　发动机台架非标准循环 ···································· 129

　　　　6.2.3　整车车载法试验 ··········································· 129

　　6.3　整车（发动机）应用案例 ····································· 130

　　　　6.3.1　轻型柴油车整车应用 ······································ 130

　　　　6.3.2　重型柴油车整车应用 ······································ 135

　　6.4　催化转化器的失效原因及解决方案 ···························· 138

　　　　6.4.1　高温失活 ················································· 138

　　　　6.4.2　化学中毒 ················································· 138

　　　　6.4.3　沉积失活 ················································· 139

　　　　6.4.4　与发动机不匹配 ··········································· 139

　　　　6.4.5　机械失活 ················································· 139

　　　　6.4.6　催化转化器失效解决方案 ·································· 139

　　参考文献 ····························································· 139

# 第1章 柴油车尾气排放特点及排放控制技术

## 1.1 我国柴油车发展现状

在我国，柴油车主要用于载重货车、部分大型客车、公交车和轻型车。据生态环境部发布的《中国移动源环境管理年报（2019）》，虽然我国柴油车在汽车中的保有量占比从 2012 年的 16.1%降低至 2018 年的 9.1%，但其保有量从 2012 年的 1742.3 万辆增加至 2018 年的 1956.7 万辆。

在我国，柴油车一直被认为是汽车尾气污染物排放的主要来源。柴油车排放的 $NO_x$ 接近汽车排放总量的 70%，PM 排放超过 90%。相对欧盟汽车市场，我国柴油轿车上市时间晚、车型种类少。虽然绝大部分商用车和 SUV（运动型多用途车）使用了柴油发动机，但由于政府的"禁柴油车令"及我国柴油品质较差等因素，我国柴油轿车的发展受到严重制约，市场发展缓慢，柴油轿车占比极低。

但随着柴油发动机技术的不断发展，加之其动力和效率等优势，可以满足包括油耗低、$CO_2$ 排放量少和污染物排放低等未来环保需求，若采用自动启/停系统、小型化发动机、低油耗轮胎、小型轻量化和低空气阻力等技术，柴油发动机技术将获得进一步提升。因此，随着排放标准的不断升级和节能减排压力的增大，新型柴油机尾气排放控制技术将会得到广泛应用，柴油车的燃料消费量和 $CO_2$ 排放量将会大幅降低，柴油车的优势将会得到进一步发挥，其市场份额也将会逐步扩大到其相应的比例。

## 1.2 柴油车尾气污染物的形成机理与危害

柴油车尾气污染物主要是碳氢化合物、一氧化碳、氮氧化物和颗粒物。污染物排放主要有三个来源：尾气管排出的废气，包括约 56%的 HC 和绝大部分 $NO_x$、PM；曲轴箱窜气，约占 24%的 HC 及少量其他污染物；燃油系统油气蒸发，使约 20%的 HC 从供油系统蒸发散入大气。发动机内排放的污染物主要受燃料与空气混合的质量及混合比、发动机供油参数及运转参数的影响。污染物的形成机理及危害如下。

### 1.2.1 一氧化碳

CO 是烃燃料燃烧的中间产物，主要是在局部缺氧或低温条件下，由于烃不能完全燃烧而产生，混在内燃机废气中排出。当汽车负重过大、慢速行驶时或空挡运转时，燃料不能充分燃烧，废气中 CO 含量会明显增加。柴油机是压燃方式，虽然过量空气系数（实际供给燃料燃烧的空气量与理论空气量的比值，$\Phi$）在大多数工况下为 1.5~3，但是柴油机分层燃烧会形成局部过浓区，燃料与空气混合不均匀，从而出现 $\Phi$ 小于 1 的浓混合气，CO 的排放量随 $\Phi$ 减少而增加，这是由于缺氧而导致不完全燃烧，生成中间产物 CO。

CO 是一种化学反应能力低的无色无味的窒息性有毒气体，对空气的相对密度为 0.9670，溶解度很小。CO 由呼吸道进入人体的血液后，会和血液里的血红蛋白（Hb）结合，形成碳氧血红蛋白，导致携氧能力下降，使人体出现不良反应。例如，听力会因为耳内的耳蜗神经细胞缺氧而受损害等，吸入过量的 CO 会使人发生气急、嘴唇发紫、呼吸困难，甚至死亡。

## 1.2.2 碳氢化合物

柴油机的燃烧是活塞压缩空气到达活塞转动至最高位置时的上止点附近，由喷油嘴向高压空气中喷射高压燃油，属于扩散燃烧。其混合气浓度梯度较大，喷雾核心的 $\Phi$ 接近 0，而燃烧室周边区域的 $\Phi$ 趋近于 $\infty$，基本上只有燃料的不完全燃烧时会导致缸内生成碳氢化合物。同时，其燃烧方式使燃油的热解作用明显，导致尾气排放物种中未燃或部分氧化的碳氢化合物种类十分复杂。其表现为沸点高、碳氢化合物分子量变化范围大。此外，混合气过稀或混合不均匀，使其部分不能在充足的氧气气氛下进行完全燃烧。

碳氢化合物是柴油不完全燃烧的产物，同时发动机换、扫气会排出一部分碳氢化合物。汽车尾气中的碳氢化合物来自三种排放源，即内燃机废气排放、曲轴箱的泄漏、燃料系统的蒸发。汽车尾气中还含有多环芳烃，虽然含量很低，但由于多环芳烃包含多种致癌物质（如苯并[a]芘）而引起人们的关注。

同时，HC 和 $NO_x$ 在大气环境中受太阳光紫外线强烈照射后，产生一种复杂的光化学反应，生成一种新的污染物——光化学烟雾。光化学烟雾中包含臭氧和过氧乙酰硝酸酯（PAN）。植物受到臭氧的损害，开始时表皮褪色，呈蜡质状，经过一段时间后色素发生变化，叶片上出现红褐色斑点。PAN 使叶子背面呈银灰色或古铜色，影响植物的生长，降低植物对病虫害的抵抗力。1952 年 12 月伦敦发生的光化学烟雾事件，4 天中死亡人数较常年同期多约 4000 人，45 岁以上的死亡最多，约为平时的 3 倍；1 岁以下的约为平时的 2 倍。事件发生的一周中，因支气管炎、冠心病、肺结核和心脏衰弱而死亡的分别为事件前一周同类死亡人数的 9.3 倍、2.4 倍、5.5 倍和 2.8 倍。

## 1.2.3　氮氧化物

氮氧化物主要包括 NO 和 $NO_2$。空气在气缸内参与燃烧时，在高温条件下氧气和氮气发生反应生成 NO。在气缸内的高温条件下主要生成 NO，当排气进入大气，NO 又被氧化为 $NO_2$。缸内温度较高、混合气浓度接近理论空燃比的条件下，NO 的生成按下面的链反应机理进行：

$$O_2 \longrightarrow 2O\cdot$$
$$O\cdot + N_2 \longrightarrow NO + N\cdot$$
$$N\cdot + O_2 \longrightarrow NO + O\cdot$$
$$N\cdot + \cdot OH \longrightarrow NO + H\cdot$$

NO 的生成过程主要涉及 $O\cdot$、$N\cdot$、$H\cdot$、$\cdot OH$ 四种自由基。而破坏氧气分子双键和氮气分子的三键需要较高的活化能，只有高温条件下才能促使该反应尽快进行，其反应较缓慢。所以反应物滞留时间越长，生成的 NO 越多[1, 2]。

$NO_x$ 是在内燃机气缸内生成的，其排放量取决于燃烧温度、时间和空燃比等因素。空燃比一定时，燃烧温度随进气温度升高而升高，引起局部反应温度上升，导致 $NO_x$ 浓度增加。而循环供油量增加，空气量基本不变，即空燃比减小，单位体积内混合气燃烧放出的热量增加，引起缸内温度上升，$NO_x$ 浓度增加。从燃烧过程看，排放的 $NO_x$ 中 95%以上可能是 NO，其余的是 $NO_2$。人受 NO 毒害的事例尚未发现，但 $NO_2$ 是一种红棕色呼吸道刺激性气体，气味阈值约为空气质量的 1.5 倍，对人体影响甚大。$NO_x$ 会通过人体呼吸道及肺部进入血液，形成的亚硝酸盐与血红蛋白结合，使之变为高铁血红蛋白，无法传输氧。由于其在水中溶解度低，不易被上呼吸道吸收而深入下呼吸道和肺部，引发支气管炎、肺水肿等疾病。人体在 NO 浓度为 9.4mg/m³ 的空气中暴露 10min，即可造成呼吸系统失调。另外，$NO_x$ 还易导致酸雨形成。

## 1.2.4　颗粒物

柴油机排烟包括白烟、蓝烟和碳烟（soot）。白烟和蓝烟存在微粒直径大小差异而对光线的反射不同，两者都是燃油微粒。其主要产生原因是混合气的着火条件不好[2]。柴油在高温缺氧条件下裂解生成碳烟。柴油喷射到气缸中的高温高压空气中，轻质烃很快蒸发气化并经过复杂的变化析出较小的碳粒，重质烃在高温缺氧的环境下直接脱氢碳化析出较大的碳粒。燃油轻质烃分子在高温缺氧的条件下会发生部分氧化和热裂解，导致各种不饱和烃生成，再不断脱氢形成原子态碳粒子，逐渐聚合成以碳烟为核心的碳核。气相烃在碳核表面不断凝聚，同时碳核互相碰撞而发生凝聚，使碳核持续增大，生成粒径为 20～30nm 的碳烟颗粒，然后聚集形成粒径在 1μm 以下的球状多孔性聚合物。

柴油内燃机中过量空气系数（$\Phi$）低于 0.6 的混合气，在 1500K 以上燃烧后必定会产生碳烟，而且在 1600～1700K 温度时生成的碳烟最多。碳烟燃烧需要经历生成和氧化两个步骤。燃烧初期，活塞转动至最高位置时的上止点附近会有大量的碳烟生成，其中大部分会在后续燃烧过程被氧化掉。燃气膨胀会使缸内局部温度降低，导致部分碳烟排放。但是加速碳烟氧化的措施会使氮氧化物排放增加。

PM 组分较复杂，是气相的烃类及其他物种在晶核表面凝聚导致的，包括烃类及醇酮类可溶性有机物和不溶性有机物。其中可溶性有机物是不完全燃烧的燃料和润滑油，约占总颗粒物的 30%。不溶性有机物的主要成分是碳烟，约占总颗粒物的 70%。柴油在高温和局部缺氧条件下，发生部分氧化和热裂解，生成各种不饱和的烃类，然后脱氢、聚合成以碳为主的碳烟晶核。晶核发生相互碰撞而聚集，微粒变大，生成链状或团絮状的聚集物，即 PM。当前颗粒物可分为两大类：粒径不超过 $2.5\mu m$ 的 $PM_{2.5}$ 和粒径在 $10\mu m$ 以下的可吸入颗粒物 $PM_{10}$。粒径在 $10\mu m$ 以下的微粒沉降速度慢，易存在于大气中，其污染波及区域大。同时，$PM_{2.5}$ 与可见光波长相近，有较强的散射作用，引起大气能见度降低，导致雾霾。粒径在 $2.5\mu m$ 以下的微粒，会被人体吸入，在体内沉积，引发呼吸系统疾病，增加心脏病、肺癌的风险。此外，碳核上附着的硫化物及碳氢化合物也对人体有较大损害。

## 1.3 柴油车尾气排放机内净化技术

由于柴油黏度系数大、挥发性能差，故主要依靠喷油器在高压下将柴油喷入气缸分散成细小油滴。这些油滴在气缸内高温高压的条件下，经加热、蒸发、扩散、混合和焰前反应等一系列过程后进行燃烧。但由于每次喷射的持续时间较长，当缸内开始燃烧时喷射过程尚未结束，因此，混合气形成过程与燃烧过程部分重叠，即边混合边燃烧，被称为扩散燃烧。柴油机扩散燃烧产生污染物的根本原因在于柴油与空气混合不均匀。柴油机全负荷运转时的平均空燃比（即空气与燃料的质量比）$\lambda$ 一般均高于 1.3，正常负荷下的 $\lambda$ 一般高于 2.0。若柴油与空气达到理想混合的话，在如此高的 $\lambda$ 下是不可能生成碳烟和高含量 $NO_x$ 的。但实际上柴油机正常运行时，柴油与空气混合不均匀导致气缸中多处局部缺氧，从而生成大量碳烟；同时，气缸中还存在多处 $\lambda = 1.0\sim1.2$ 的高 $NO_x$ 生成区域。因此，柴油车的机内排放控制主要围绕改善柴油与空气的混合而进行，尽量减少易生成 $NO_x$ 区域（$\lambda = 1.0\sim1.2$）和易生成碳烟区域（$\lambda < 0.6$）的出现。还需要同时降低 HC 的排放量，这是因为除气态 HC 本身的危害之外，液态/重质 HC 也是构成柴油车尾气一次颗粒物的一部分。

由于柴油车的空燃比大于汽油车，与汽油车相比，其 CO 和 HC 的排放量要低得多，其 $NO_x$ 排放量与汽油车在同一数量级，此外，颗粒物（PM）的排放量要远高于汽油车。虽然柴油车与汽油车的 $NO_x$ 排放量相近，但由于柴油车尾气中

CO 和 HC 的排放量低，不能将尾气中的 $NO_x$ 完全还原。因此，柴油车的排放控制重点在于 $NO_x$、PM 和重质 HC（即可溶性有机物，SOF）。表 1-1 对比了国 V 标准的柴油车与汽油车尾气污染物原始排放。

表 1-1　国 V 标准柴油车与汽油车尾气污染物原始排放对比

| 污染物 | 汽油车 | 柴油车 |
|---|---|---|
| CO/% | 0.1～6 | 0.05～0.5 |
| HC/ppm① | 2000 | 200～1000 |
| $NO_x$/ppm | 2000～4000 | 700～2000 |
| PM/(mg/m³) | 5 | 150～300 |

①ppm = (22.4×mg/m³)/分子量。

柴油车的燃烧过程要比汽油车复杂很多，其可用于控制污染物排放的燃烧特性参数也远比汽油车复杂得多，因此，机内控制柴油车尾气污染物排放的核心问题是寻求一种兼顾排放、热效率等各种性能的理想放热规律。为达到此目的，研究理想的喷油规律、混合气运动规律及与之匹配的燃烧方式均是必需的。然而降低柴油车 $NO_x$ 排放和 PM 排放之间通常是矛盾的，一般有利于降低 $NO_x$ 排放的技术都会使 PM 排放增加，而减少 PM 排放的技术又可能增加 $NO_x$ 排放。因此，针对柴油车尾气污染物排放控制技术，一直在寻求低 $NO_x$ 排放和低 PM 排放之间的平衡，以期获得最低的 $NO_x$ 和 PM 排放值。表 1-2 列出了降低柴油车 $NO_x$ 和 PM 排放的相关机内净化技术措施。

表 1-2　降低柴油车 $NO_x$ 和 PM 排放的机内净化技术措施

| 技术对策 | 实施方法 | 主要控制对象 |
|---|---|---|
| 燃烧室设计 | 设计参数优化、新型燃烧方式 | $NO_x$、PM |
| 喷油规律改进 | 预喷射、多段喷射等 | $NO_x$ |
| 高压喷射 | 电控高压油泵、共轨系统、泵喷嘴 | PM |
| 增压技术 | 增压、增压中冷、可变几何参数增压 | PM |
| 废气再循环（EGR） | EGR 系统、中冷 EGR 系统 | $NO_x$ |

需要注意的是，上述每种技术或措施降低某种污染物排放的效果有限，过度使用则会导致另一种污染物排放量增加或者动力性、经济性降低，因而在实际应用中通常同时使用几种技术或措施，以期达到最佳的机内净化污染物的效果，同时兼具动力性和经济性。

## 1.4　柴油车尾气排放机外净化技术

上述多种机内净化技术结合应用于柴油机上，可以显著降低柴油车尾气污染物的原始排放。但由于机内净化技术对 $NO_x$ 和 PM 的净化效果之间存在平衡（trade-off）关系，因此，单纯依靠机内净化技术已无法满足日益严格的排放标准的要求，必须发展柴油机尾气的机外净化技术。柴油车尾气净化氧化型催化剂（diesel oxidation catalyst，DOC）、柴油车颗粒捕集器（或过滤器）（diesel particulate filter，DPF）、选择性催化还原（selective catalytic reduction，SCR）$NO_x$ 催化剂和氨泄漏催化剂（ammonia slip catalyst，ASC）等已成为必备的柴油车尾气净化技术，它们共同组成了柴油车尾气后处理系统。

## 1.5　柴油车尾气净化催化技术

由于柴油车的稀燃工作方式，工作时吸入大量空气进行压缩，通过压缩空气产生高温从而点燃燃料产生动力，故而柴油车尾气属于富氧气氛，氧气含量为 6%～15%；尾气温度低，在城区工况循环下尾气温度为 80～180℃，最高温度约为 230℃；在城郊工况循环下尾气温度最高可达 440℃；总体来讲，柴油车尾气温度一般处于 180～280℃的范围；空速高，一般为 30000～100000h$^{-1}$；尾气污染物中的气态成分主要为大量的 $NO_x$（包括大量 NO 和少量 $NO_2$），同时含有 CO 和 HC，PM 主要有碳烟颗粒、可溶性有机物（SOF）及少量的硫酸（吸附在颗粒物上）和硫酸盐等。由于稀燃，尾气中的还原剂 HC 和 CO 偏少，还原 $NO_x$ 还需另加还原剂，需要同时采用几种不同类型的催化剂才能满足净化柴油车尾气的要求。针对欧Ⅴ标准、欧Ⅵ标准（基本等效于国Ⅴ[①]标准、国Ⅵ[②]标准）及以后更严格的排放要求，由柴油车尾气净化氧化型催化剂（DOC）、催化型柴油车颗粒捕集器（CDPF）及选择性催化还原（SCR）$NO_x$ 催化剂所组成的柴油车尾气净化后处理系统（DOC＋CDPF＋SCR）被广泛应用。

### 1.5.1　柴油车尾气净化氧化型催化剂

催化氧化是利用催化剂降低柴油车尾气中的 HC、CO 和 SOF 等被氧化时的

---

[①] 环境保护部，国家质量监督检验检疫总局. 轻型汽车污染物排放限值及测量方法（中国第五阶段）：GB 18352.5—2013. 北京：中国环境出版社，2013

[②] 环境保护部，国家质量监督检验检疫总局. 轻型汽车污染物排放限值及测量方法（中国第六阶段）：GB 18352.6—2016. 北京：中国环境出版社，2017

化学反应活化能,使这些物质能与尾气中的 $O_2$ 在较低的温度下进行氧化反应生成 $CO_2$ 和 $H_2O$,核心是氧化型催化剂。氧化型催化剂通常以蜂窝陶瓷或蜂窝金属为基体,负载贵金属催化剂。常用的贵金属活性组分为 Pt 和 Pd。DOC 的主要作用:①氧化 HC 和 CO;②氧化颗粒物中的 SOF;③部分氧化颗粒物中的碳烟颗粒;④将 NO 氧化为 $NO_2$,利用 $NO_2$ 的强氧化能力使 CDPF 中积聚的碳烟颗粒氧化,增强 SCR 催化剂的性能。

在 DOC 上主要发生以下几个化学反应:

$$2CO + O_2 \longrightarrow 2CO_2$$

$$C_xH_y + \left(x + \frac{y}{4}\right)O_2 \longrightarrow xCO_2 + \frac{y}{2}H_2O$$

$$SOF(HC, 碳数 > 16) + O_2 \longrightarrow CO_2 + H_2O$$

$$2NO + O_2 \longrightarrow 2NO_2$$

### 1.5.2　柴油车尾气净化颗粒捕集器

在柴油车尾气净化系统中,颗粒捕集器的作用是过滤柴油车尾气中所含的 PM。柴油车尾气中的 PM 主要为碳烟颗粒及其表面吸附的碳氢化合物。如图 1-1 所示,当含有 PM 的尾气通过颗粒捕集器时,PM 被过滤,排放出的尾气中则基本不再含有 PM。当 PM 在颗粒捕集器的过滤壁上富集到一定程度后,柴油车通过喷油燃烧等手段升高尾气温度将 PM 颗粒氧化成 $CO_2$,从而在净化 PM 的同时,使颗粒捕集器再生。

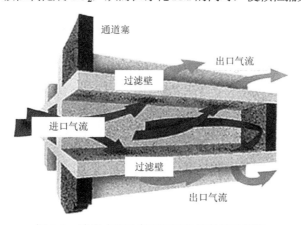

图 1-1　壁流式柴油车尾气颗粒捕集器示意图

为了减少颗粒捕集器再生次数,当今主要推广的是 CDPF,即在颗粒捕集器的过滤壁上负载一层催化剂,从而使 PM 接触颗粒捕集器过滤壁时,在催化剂的作用下与尾气中的 $O_2$ 或 $NO_2$ 反应,直接被氧化成 $CO_2$ 除去。引入 CDPF 技术后,柴油车颗粒捕集器的再生次数可以大大减少,且能更有效地净化尾气中所含的颗粒物。在配备 CDPF 后，柴油车尾气中的颗粒物可以被有效地净化；配置了 CDPF 的柴油车尾气中 PM 含量可以达到甚至低于当前排放标准的限量要求。

### 1.5.3　柴油车尾气净化 $NO_x$ 控制技术

对于柴油车/机尾气中的 $NO_x$，其净化技术主要有如下几种：催化分解法、固体吸附法、液体吸附法、湿法脱氮、等离子体活化法、SCR 和氮氧化物储存还原（$NO_x$ storage reduction，NSR）等。其中 SCR 技术被认为是最有效的 $NO_x$ 净化技术。目前较成熟的柴油车 $NO_x$ 净化是采用氨选择性催化还原（$NH_3$-SCR）净化 $NO_x$ 技术，该技术是以尿素热分解产生的氨作为还原剂，在富氧条件下，通过催化剂在一定的温度下选择性地将 $NO_x$ 还原为 $N_2$ 的反应。该反应过程十分复杂，涉及多个化学反应，以下是涉及的主要化学反应[3, 4]，其中主反应：

$$4NH_3 + 4NO + O_2 \longrightarrow 4N_2 + 6H_2O \qquad (1\text{-}1)$$

$$4NH_3 + 2NO + 2NO_2 \longrightarrow 4N_2 + 6H_2O \qquad (1\text{-}2)$$

$$8NH_3 + 6NO_2 \longrightarrow 7N_2 + 12H_2O \qquad (1\text{-}3)$$

$$4NH_3 + 6NO \longrightarrow 5N_2 + 6H_2O \qquad (1\text{-}4)$$

副反应：

$$4NH_3 + 3O_2 \longrightarrow 2N_2 + 6H_2O \qquad (1\text{-}5)$$

$$4NH_3 + 5O_2 \longrightarrow 4NO + 6H_2O \qquad (1\text{-}6)$$

$$2NH_3 + 2O_2 \longrightarrow N_2O + 3H_2O \qquad (1\text{-}7)$$

$$4NH_3 + 4NO + 3O_2 \longrightarrow 4N_2O + 6H_2O \qquad (1\text{-}8)$$

在不添加催化剂时，还原所需温度为 800～900℃，活性温度窗口很窄。温度在 1050～1200℃时，$NH_3$ 会氧化为 NO，而且 $NO_x$ 的还原速率会很快下降；当温度低于 800℃时，反应速率很慢，需要添加催化剂加快反应进行。通过选择适当的催化剂，反应温度区间目前可以扩展到 200～600℃。柴油车尾气 $NO_x$ 是由 90% 的 NO 和 10%的 $NO_2$ 组成，即柴油车尾气中的 $NO_x$ 主要是 NO，只有少部分的 $NO_2$ 存在，故反应式（1-1）是主要发生的化学反应，又称为标准 SCR（standard SCR）反应，反应活化能为 64kJ/mol[4]。当温度高于 350℃且还原剂 $NH_3$ 与 NO 的物质的量比为 1∶1，并存在适量 $O_2$ 时即可发生标准 SCR 反应；而当 NO 和 $NH_3$ 以 1∶1 的物质的量比存在时，NO 不能完全被 $NH_3$ 还原，发生副反应［式（1-8）］，生成副产物 $N_2O$。当温度低于 350℃，NO 与 $NO_2$ 的物质的量比为 1∶1，$NH_3$ 的消耗量为 $NO_x$ 总量时，SCR 反应体系主要进行反应式（1-2）的反应，该反应比标准 SCR 反应要快很多，因此又称为快速 SCR（fast SCR）反应，反应活化能为 38kJ/mol[4]。快速 SCR 反应的低温窗口可以扩展到 200℃以下，反应所需的 $NO_2$ 由前置在 SCR 催化剂前端的 DOC 催化剂将 NO 氧化得到。

### 1.5.4　柴油车尾气净化氨氧化技术

SCR 催化剂用于处理尾气中的 $NO_x$，为提高 $NO_x$ 的转化率，通常采用增加氨氮比（ANR，即氨气和 $NO_x$ 的物质的量比），即添加过量还原剂尿素。高的氨氮比将导致 $NH_3$ 泄漏，即随着氨氮比的增加，$NH_3$ 泄漏量增大。同时 SCR 系统常用尿素溶液作为 $NH_3$ 的前驱体，总会有尿素喷到柴油车尾气后处理系统的壁上，当尾气温度升高时，壁上的尿素分解导致大量 $NH_3$ 排出尾气管，这样就导致柴油车尾气后处理系统中有 $NH_3$ 的泄漏，随着排放标准越来越严，$NH_3$ 的排放也要求得到控制。在柴油车尾气净化过程中，$NH_3$ 在 200℃ 就开始泄漏，而低温选择性催化氧化可以大大降低反应的活化能，降低反应温度，因此被广泛使用。低温氨氧化催化剂用于处理移动源中 SCR 后端泄漏的 $NH_3$，可以与 SCR 催化剂为一个整体，或者分开。

## 1.6　柴油车尾气净化催化剂的评价

柴油车尾气净化催化剂要想在整车实现应用，必须要经历两个阶段：一是实验室研发；二是实验室开发成功后要和发动机进行匹配，这一催化剂必须和每一款发动机匹配成功后，取得国家相应的环保公告和型式核准证书，才能在整车及发动机企业大规模应用。

### 1.6.1　柴油车尾气净化催化剂实验室评价

实验室评价催化剂性能，主要评价催化剂的本征活性，为后续进行整车匹配提供依据。实验室主要评价催化剂的如下特性。

（1）转化效率：催化剂在不同气体温度下对污染物的净化效率，可得出某种催化剂的转化效率与温度之间的关系。

（2）起燃温度：特定条件下，催化剂对 CO、HC、$NO_x$ 等污染物的转化率达到 50% 时催化剂的进口温度，用 $T_{50}$ 表示。相同条件下，催化剂的起燃温度越低，其活性越好。

（3）完全转化温度：特定条件下，催化剂对 CO、HC、$NO_x$ 等污染物的转化率达到 90% 时催化剂的进口温度，用 $T_{90}$ 表示。相同条件下，催化剂的完全转化温度越低，其活性越好。

（4）空速：确定催化剂在不同气体流速下的净化效率。应用不同类型催化剂所需空速不一样，因此每种类型评价需要的空速也不一样。

（5）流动特性：流动阻力会影响发动机的排气背压。

（6）催化剂的耐久性：排放标准对催化剂的使用里程或时间的要求，开发一种新鲜时有高活性的催化剂并不难，难的是标准要达到排放要求的里程或时间的使用寿命。研究表明，催化剂失活，90%的贡献来自热老化，因此实验室评价催化剂耐久性主要采用热老化的方式。实验室热老化的条件根据每种催化剂满足的排放标准不同而不同。

## 1.6.2　柴油车尾气净化催化剂台架及整车评价

柴油车尾气净化催化剂完成实验室研发后，要进行研发设计、封装、发动机的匹配，然后进行整车的匹配，任何一款汽车要实现目标排放值必须进行标定和匹配。柴油车尾气净化催化剂的匹配过程涉及复杂的试验和工艺验证过程。

催化剂与发动机（整车）匹配要考虑发动机尾气温度分布、催化剂贵金属用量、基体类型、基体孔目数、基体体积（长度和直径）等因素。从催化剂设计的角度，尾气温度较高，对催化剂的要求相对较低，但尾气温度过高对催化剂寿命又提出了更高的要求。离发动机越远，温度越低。因此催化剂应位于在距离发动机适当的位置，一般在距发动机尾气出口 $50\sim60$cm 处。催化剂贵金属用量为 $40\sim10$g/ft$^3$（$1$ft$^3 = 2.831685\times10^{-2}$m$^3$），贵金属选用 Pt/Pd 双金属，也可用单金属或 Pt/Pd/Rh 三金属，根据匹配发动机尾气的特点，适当调节贵金属的比例。催化剂的基体选用堇青石（或根据要求选用金属基体，金属基体导热性能好，但价格高），基体孔目数为 300 目或 400 目，目数越高，单位体积的基体外表面越大，对应涂层面积也越大，催化剂效率会有一定幅度提高，但同样增加孔目数，基体的制备技术难度也增大，价格更高。催化剂按发动机匹配量匹配，单位发动机排量与匹配催化剂体积之比，DOC、DPF 一般是 1.5 倍左右，SCR 催化剂为 $2\sim2.5$ 倍，具体根据发动机原始排放性能确定。在实际应用中需要解决的问题更复杂，如公交车时走时停、车速慢，尾气温度低，匹配催化剂时，上述选择应适当调整，保证污染物的排放达到排放标准限值。在完成催化后处理系统集成和与发动机或整车的匹配后，匹配催化器的发动机或整车按照所满足的排放标准规定的试验程序，完成全部认证试验，并将满足排放标准的认证结果上报相关的主管部门，取得国家相应的环保公告和型式核准证书。

## 参 考 文 献

[1]　杜明. 柴油机 NO$_x$ 排放物的生成机理及净化技术. 科技情报开发与经济，2001，（5）：49-50.

[2]　于恩中，刘进军. 柴油机颗粒排放机理及控制措施的研究. 内燃机，2009，（4）：41-43.

[3]　Kamata H，Takahashi K，Ingemar Odenbrand C U. Kinetics of the selective reduction of NO with NH$_3$ over a V$_2$O$_5$(WO$_3$)/TiO$_2$ commercial SCR catalyst. Journal of Catalysis，1999，185（1）：106-113.

[4]　Koebel M，Elsener M，Madia G. Recent advances in the development of urea-SCR for automative applications. SAE Technical Paper，2001，2001-01-3625.

# 第 2 章　柴油车尾气净化氧化型催化剂

## 2.1　催化氧化原理

柴油车尾气净化氧化型催化剂（DOC）是通过催化氧化反应降低颗粒物排放量，主要消除颗粒物中的可溶性有机物（SOF）和燃烧掉部分碳烟颗粒，而且能同时降低柴油车尾气中 CO、HC 的排放量。氧化型催化剂可以单独使用，也可以与其他排放后处理技术、改进燃料、废气再循环（EGR）等机内净化技术相结合，可以满足当前更严格的柴油机尾气排放标准要求。氧化型催化剂不需要再生，维护简单，是当今使用最广泛的后处理技术之一[1]。

催化氧化是指在一定压力和温度条件下，以金属材料（如 Pt、Pd 等）为催化剂，废气中的有机污染物与空气、氧气、臭氧等氧化剂进行的氧化反应。"加氧""去氢"两方面都属于催化氧化。DOC 反应过程机理[2]如下。

### 1. CO 氧化

一般 CO 氧化较易发生，但由于柴油车尾气温度较低，且 DOC 靠近发动机出气口，容易老化失活，采用 DOC 作为催化剂时氧化 CO 存在一定问题。CO 在催化剂表面的吸脱附以单分子形式进行，脱附时温度一般需达到 $150 \sim 350 \, ^{\circ}\mathrm{C}$。事实上，使 CO 氧化为 $CO_2$，催化剂表面温度必须达到 CO 脱附温度。在 DOC 催化剂 CO 氧化过程中，普遍认为是按照 L-H（Langmuir-Hinshwood）双吸附机理进行反应。在 Pt 催化剂中，CO 和 $O_2$ 同时吸附在催化剂表面，然后进行活化，但 CO 的吸附性能较强，阻止了 $O_2$ 的吸附活化，需要升高温度才能促进 CO 的氧化。CO 的氧化属于结构敏感反应，Pt 的不同晶面表现出不同氧化性能，Pt 颗粒的大小对 CO 氧化也有着重要的影响，研究证实大颗粒的 Pt 对 CO 氧化的活化能及此种情况下 CO 的脱附温度都比小颗粒的 Pt 催化剂时要低，因此大颗粒的 Pt 更有利于 CO 氧化。但大颗粒的 Pt 催化剂的有效利用率较低，设想是否有一种方法既能保持催化剂的本征活性，提高 Pt 的有效利用率，又能提高 CO 的低温氧化能力。研究发现，$CeO_2$ 的添加提高了 Pt 的分散度、有效利用率和催化剂的本征活性，由于 Pt-Ce 之间的相互作用，既分散了 Pt，又稳定了 Pt，Pt—Ce 键的形成促进了表面活性氧的产生，该表面活性氧直接与表面活化的 CO 反应，降低了 CO 的起燃温度，提高了催化剂的低温活性。CO 氧化反应步骤如下：

$$CO + [*] \longrightarrow [CO^*]$$
$$O_2 + 2[*] \longrightarrow 2[O^*]$$
$$[O^*] + [CO^*] \longrightarrow CO_2 + 2[*]$$

式中，[*]为活性中心；[CO*]、[O*]为活性自由基。

对于 CO 氧化反应，$Pd/Al_2O_3$ 催化剂比 $Pt/Al_2O_3$ 催化剂具有更好的低温活性，可以在 $Pd/Al_2O_3$ 催化剂中加入少量 Pt [Pd/Pt（质量比）= 80∶20]，使 CO 氧化反应起燃温度降低。此外，贵金属粒径大小对 CO 氧化活性有一定的影响，McCarthy 等[3]研究发现不同 Pt 粒径大小的催化剂，对污染物的转化效率有差异。

2. HC 氧化

由于燃料的不完全燃烧，柴油车尾气中存在多种 HC，包括芳香族碳氢化合物、烷烃及烯烃等，对于这些 HC，传统的处理方法是催化氧化。在柴油车尾气中，HC 的氧化伴随 $NO_x$ 的还原反应一起进行。DOC 可以用于 SOF 氧化，改善 DPF 的性能。此外，对于分子筛载体 DOC，可以吸附冷启动阶段释放的 HC，直到达到其氧化温度[3]。对于不同的 HC 及不同 HC 的混合物，在 DOC 存在下表现出不同的反应速率。例如，随着碳链的变长，反应速率变小。与 CO 氧化反应相似，HC 氧化反应遵循 L-H 双吸附机理。表面吸附的 HC 和吸附的氧之间的反应是速控步骤。在温度低于 HC 起燃温度时，HC 吸附强于氧吸附，限制了表面氧参与反应。此外，由于不同 HC 物种在催化剂表面具有不同的优先吸附性能，所以对于氧的阻滞作用存在差异。Barresi 等[4]提出这种竞争性吸附行为遵循 M-vK（Mars-van Krevenlen）机理：

$$O_2 + [*] \longrightarrow [O_2^*] \longrightarrow 2[O^*]$$
$$HC + [\#] \longrightarrow [HC\#]$$
$$[HC\#] + [O^*] \longrightarrow CO_2$$

式中，[*]和[#]为 $O_2$ 和 HC 的吸附中心。

持非竞争性行为观点的研究者认为，不同 HC 使催化剂表面能降低到不同的程度[5]。

$$[O^*] + HC[a] \longrightarrow [*a] + CO_2 + H_2O$$
$$2[*a] + O_2 \longrightarrow 2[O^*]$$
$$[O^*] + HC[b] \longrightarrow [*b] + CO_2 + H_2O$$
$$2[*b] + O_2 \longrightarrow 2[O^*]$$

式中，[a]、[*a]、[b]、[*b]为不同碳氢物种吸附活化的活性中心。

对于 HC 氧化，含 Pt 催化剂表现出较好的起燃特性；少量 Pt 的存在对 Pd 基催化剂起明显促进作用。一般而言，随着催化剂活性组分含量增加，起燃温度降低；随着 HC 浓度增大，起燃温度升高。载体对 HC 氧化有较大的影响。Yazawa

等[6]研究表明，由于酸性载体会抑制 Pt 的氧化，因此活性组分 Pt 负载在酸性载体上有助于丙烷氧化温度的降低。此外，Takahashi 等[7]研究表明，随着载体碱性增大，HC 的转化率降低。

3. NO 氧化

柴油车尾气中 90%以上为 NO，对于 SCR 催化剂，在低温时 $NO_x$ 转化效率较低；研究表明，通过部分增加尾气中 $NO_2$ 的含量可以大大促进 $NO_x$ 的转化率。此外，对于 cDPF，$NO_2$ 比氧气对于碳烟颗粒更具强氧化性，能够在较低的温度下氧化碳烟颗粒。因此，柴油车后处理系统中通过前置 DOC 来增加尾气中 $NO_2$ 的浓度，进而增强配置在其后的 cDPF 和 SCR 系统的净化效果。NO 氧化成 $NO_2$ 的反应同时受动力学和热力学的双重影响，因此如何提高其低温活性和转化率尤为重要。NO 氧化是结构敏感性反应，适中的催化剂颗粒大小（3～5nm）有利于 NO 的氧化，相对来说，小颗粒的催化剂（如 Pt）具有大的比表面积和表面原子分数，同时具有更多的角、台阶和棱等缺陷位，出现更多的具有特定结构的高催化活性中心，这些表面结构和几何学特点对催化反应非常有利。NO 氧化的活性部位不只是位于表面上的金属原子，还存在于金属原子与载体相互作用形成的金属-载体的界面处。

多相催化反应通过吸附活化进行，在 NO 的氧化反应中，$O_2$ 的吸附强度大于 NO 的吸附强度，在柴油车的稀燃气氛中，$O_2$ 的浓度大大过量，过量的 $O_2$ 的存在限制了 NO 的吸附，从而抑制了 NO 的氧化。当反应体系中同时有 HC 和 CO 存在时，只有当 HC 和 CO 消耗完后，NO 才开始氧化，当增加空速时，已经生成的 $NO_2$ 来不及与还原剂 HC 和 CO 反应，$NO_2$ 的存在和分解抑制了 NO 的氧化。尾气中的水汽也会导致催化剂失活。一方面，水的存在会诱导催化剂表面的杂质原子从载体迁移至贵金属表面而失活；另一方面，水与氧会在催化剂的活性中心上竞争吸附，而且水的吸附形成没有活性的羟基物种，从而抑制了 NO 的氧化。活性组分的状态也会影响催化活性，Hauff 等[8]研究表明，Pt 氧化物的形成是 NO 氧化活性下降的主要原因之一，因此有效调节和控制活性组分的化学状态，特别是 $Pt^0$ 量的控制，是提高催化剂催化氧化性能的重要手段之一。Derek Creaser 课题组通过改变催化剂处理过程的气氛来控制 Pt 的化学状态[9]，Masaaki 等研究发现 Pd 和酸性助剂的加入有利于 Pt 保持在 $Pt^0$ 状态[10]。因此需要有效调节和控制活性组分 Pt 的分散和化学状态，协同提高催化活性和稳定性能。

柴油车尾气中 90%以上为 NO，对于 SCR 技术及氮氧化物存储还原（NSR）技术而言，在低温时（<250℃），$NO_x$ 脱除效率很低；研究表明，通过部分增加排气中 $NO_2$ 的含量可以大大提高 $NO_x$ 的转化率。此外，对于连续再生捕集器（CRT）系

统而言，$NO_2$ 比 $O_2$ 对碳烟颗粒更具强氧化性。因此，柴油车后处理系统中通过前置 DOC 来增加 $NO_2$ 的浓度，进而促进其他后处理系统的净化效果。

NO 氧化为 $NO_2$ 的反应过程如下所示：

$$NO + [*] \longrightarrow [NO*]$$
$$O_2 + [*] \longrightarrow [O_2*]$$
$$[O_2*] + [*] \longrightarrow 2[O*]$$
$$[NO*] + [O*] \longrightarrow NO_2 + 2[*]$$

式中，[*]为活性中心。

Mulla 等[11]研究表明，NO 氧化速率方程为

$$V_f = A + \exp[-E_a/RT][NO]^\alpha[O_2]^\delta[NO_2]^\gamma$$

式中，$A$ 为指前因子；$E_a$ 为活化能；$R$ 为摩尔气体常量；$T$ 为热力学温度；$\alpha$、$\delta$、$\gamma$ 为反应级数。正反应对于 NO 和 $O_2$ 的反应级数为 1，对于 $NO_2$ 的反应级数为 $-1$。对于逆反应（$NO_2$ 分解为 NO 和 $O_2$），低温时（<300℃），在 Pt 活性中心上反应速率极慢，归因于该反应中氧的脱附为速控步骤。

催化剂组成对 NO 氧化成为 $NO_2$ 的活性有较大影响，包括载体结构、贵金属颗粒大小及贵金属分散度等因素。Schmitz 等[12]和 Xue 等[13]研究表明，对于 NO 和 $SO_2$ 的氧化活性，贵金属 Pt 在不同载体上的活性顺序：$SiO_2 > Al_2O_3 > ZrO_2$。Olsson 等[14]研究表明，在 $SiO_2$ 和 $Al_2O_3$ 上，随着 Pt 分散度（Pt 粒径的大小）的减小，NO 氧化活性增强，存在最低限。原因是 Pt 粒径较大时对 $O_2$ 吸附较弱。

## 2.2　氧化型催化剂的催化材料

DOC 早在 20 世纪 70 年代就被引入柴油车尾气控制系统中，是最早被用来净化柴油车尾气的催化剂。目前，DOC 仍然是柴油车尾气控制系统中最重要的组成部分[15]。

最初，DOC 的引入主要是为了净化柴油车尾气中的 CO 和未燃烧的 HC。Cu、Fe、Ni 等过渡金属被用作 DOC 的活性组分，但因其易被氧化且热稳定性较差，并未被广泛推广[16]。而 Pt、Pd 等 Pt 族贵金属因其优异的催化氧化活性及良好的热稳定性被广泛用作 DOC 催化剂活性组分[17]。Pt 具有极优异的催化氧化 CO 和 HC 的性能；Pd 对 CO 和 HC 的催化氧化性能较 Pt 弱，但 Pd 价格更低，且 Pd 可以与 Pt 发生协同作用，该协同作用能提高贵金属颗粒抗烧结能力，从而提高催化剂抗热老化性能[18-20]。故当前也出现了以 Pd 取代部分 Pt，使用 Pt-Pd 双金属作为 DOC 活性组分的情况[20, 21]。由于负载 Pd 的催化剂在含硫尾气环境下容易发生硫中毒现象[22]，在燃油品质较差或尾气环境恶劣的情况下，多使用 Pt 作为 DOC 的活性组分。

当前，DOC 的研究领域主要集中在发展以 Pt、Pd 为活性组分，$Al_2O_3$ 或储氧材料（OSM，主要为含 $CeO_2$ 的复合氧化物）为载体的高性能 DOC 上。因为柴油车尾气温度较低且空速较高，故用于催化净化柴油车尾气的催化剂必须具有良好的织构性质。具有大比表面积的催化剂载体可以增强贵金属活性组分在载体表面的分散，从而有利于催化剂表现出更优异的催化氧化活性[23-25]；同时，具有大孔容的多孔催化剂载体更有利于反应物的传质和传热，从而表现出更好的催化活性[26, 27]。DOC 在发展过程中，其载体材料不断发展，以下详细介绍 DOC 的主要催化材料。

## 2.2.1　铈基稀土材料

稀土元素由于具有未充满电子的 4f 轨道及 5d 轨道，这为其他电子提供了电子转移轨道，成为"催化作用"的电子转移站，因而稀土元素及其化合物具有较高的催化活性。稀土元素化学性质活泼，可与多种其他元素发生反应，容易失去外层电子，显示出较高的化学活性。稀土元素的配位数可在 3～12 的大范围内变化。镧、铈、镨等稀土离子由于其独特的 4f 电子层结构，在化学反应过程中表现出良好的助催化性能。稀土组分的存在可以有效调节催化剂的表面酸碱性、修饰催化活性中心的微化学环境、提高催化剂的氧化还原性能和储放氧能力、增强催化剂的结构稳定性和提高活性组分的分散度等。

$CeO_2$ 基储氧材料（OSM）通过氧化还原电对 $Ce^{4+}/Ce^{3+}$ 进行 $O_2$ 的存储和释放，因此其在汽油车三效催化剂中发挥了重要作用得以迅速发展。在柴油车尾气净化中，$CeO_2$ 基储氧材料不仅可以作为载体使用，而且 $CeO_2$ 和 $CeO_2$ 基复合材料催化剂对 SOF 有很好的氧化能力，是催化氧化 SOF 的活性成分，但是纯 $CeO_2$ 的热稳定性差。与理想的 $CeO_2$ 萤石结构相比，将 $Zr^{4+}$ 引入 $CeO_2$ 晶格中会改变其氧晶格[28, 29]，当 $ZrO_2$ 在 $CeO_2$ 中的添加量逐步增大至 50%（摩尔分数）时会引起如下变化。

（1）离子半径更小的 $Zr^{4+}$（0.84Å）代替了 $Ce^{4+}$（0.97Å），会导致晶胞收缩，使晶格常数逐渐降低。

（2）$O_2$ 在晶格中移动的孔道直径变大。

（3）渐进地增加结构缺陷。

（4）在 $Ce_{0.5}Zr_{0.5}O_2$ 中，$Zr^{4+}$ 周围 O 的配位数从 8 个降低至 6 个。

（5）$Ce^{4+}$ 的配位数不变，但晶胞收缩会使一部分 Ce—O 键变短。

针对 $CeO_2$-$ZrO_2$ 固溶体，研究者做了大量相关的研究工作。图 2-1 是 Vlaic 等[30]根据 EXAFS 数据设计的一个可能的 $CeO_2$-$ZrO_2$ 的结构模型。这个模型源自 $CeO_2$

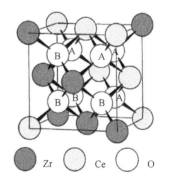

图 2-1　$Ce_{0.5}Zr_{0.5}O_2$ 面心立方晶胞可能的结构模型

的萤石结构，其中 $Zr^{4+}$ 和 $Ce^{4+}$ 交替地占据了面心立方晶胞单元的角和面心的位置，每个 $Zr^{4+}$ 的周围平均有 6 个 $Ce^{4+}$ 和 6 个 $Zr^{4+}$。而氧呈现了两种不同的结构：A 类型的氧原子周围只有 1 个 $Zr^{4+}$ 代替了 $Ce^{4+}$，因此局部结构的混乱程度较小。结构中 Zr—O 键的键长为 2.324Å，非常接近 Ce—O 键（2.31Å）。B 类型氧原子的周围有 3 个 $Zr^{4+}$ 代替了 $Ce^{4+}$，因此氧晶格发生了强烈的变形。氧移动至靠近 3 个相邻 $Zr^{4+}$ 中的两个（Zr—O 键长为 2.13Å），而保持 Ce—O 键的键长为 2.31Å 不变。这导致其中一个 Zr—O 键被拉长了（键长 $\geq$2.60Å），并且它在 Zr 的第一壳层中检测不到。因此，每个 Ce 都保持与 8 个氧原子在 2.31Å 的位置成键，但 Zr 周围则有两个 A 类型（Zr—O 键长为 2.324Å）和 6 个 B 类型的氧原子。其中 B 类型的氧原子中有 4 个离 Zr 近（Zr—O 键长为 2.13Å），两个离 Zr 较远（Zr—O 键长 $\geq$2.60Å）。离得较远的两个氧原子稳定性差，使体相氧离子的移动性提高，间隙氧离子是以 $O^{2-}$ 物种的形式存在，被相应的空缺位电荷补偿。在 $CeO_2$ 中掺杂 $ZrO_2$ 可促进 $Ce^{3+}$ 的形成，部分消除由 $Ce^{4+} \rightarrow Ce^{3+}$ 转变伴随而来的离子尺寸的增大而产生的应力。当缺氧的材料氧化成 $CeO_2$ 或(Ce，Zr)$O_2$ 时，吸附的氧离子首先会进入更宽敞的八面体位置而不是去填充空间紧密的四面体位置。如果处理温度不够高，它们就不能克服进入有规律的四面体位点的势垒，而留在八面体位点上。由于 $Zr^{4+}$ 的半径更小，Zr 和 Ce 的混合会降低晶格常数，并减小在四面体位点上产生的原子水平的压力，使间隙离子比在纯的 $CeO_2$ 中更难以到达四面体位点。只有在更高的温度下活化，间隙离子才会与空缺位发生再结合。在 $CeO_2$ 中掺杂 $ZrO_2$ 可在三个不同的水平上提高 $CeO_2$ 的储氧性能：①在微观结构上，Zr 的存在可以阻碍 Ce 的表面扩散，稳定高温下 $CeO_2$ 的比表面积；②在介观水平上，掺杂大量的 Zr 会形成界面结构，这促进了氧离子从体相到表面的传输；③在原子水平上，晶格中的 Zr 可以稳定氧缺陷结构，这有利于氧气的存储，并提高其储氧性能的热稳定性。

对于任何催化应用来说，较高的比表面积和优异的热稳定性能是提高催化剂活性和耐久性的必要前提。由于汽车尾气条件（温度和组成）的非稳态和反应物的高空速，通常需要在短时间内转化 ppm（1ppm $= 10^{-6}$）级的污染物，因此，对尾气净化催化剂活性和选择性的要求比工业催化剂要高得多。随着我国国 V 轻型车排放标准的全面实施和国 VI 标准的提出，迫切需要进一步提高汽车尾气净化催化剂的催化活性和耐久性能[31, 32]。而 $CeO_2$-$ZrO_2$ 固溶体作为关键的载体材料，除了对其氧化还原性能有要求以外，进一步提高其织构性能和高温稳定性在实际的应用中尤其重要[33]：一方面，高的比表面积有利于活性组分的分散，并增大催化剂与反应物的接触面积；另一方面，优异的热稳定性可减少在使用过程中孔道结构的坍塌而导致活性组分的包埋，提高催化剂的耐久性能。

$CeO_2$-$ZrO_2$ 固溶体的热稳定性主要受三个方面的影响：①$ZrO_2$ 的含量，在相同的合成条件下，相对较高的 $ZrO_2$ 含量有利于得到织构稳定性更好的材料，是由于 $ZrO_2$ 嵌入 $CeO_2$ 晶格中降低了氧化物的烧结速率。②相结构的纯净性，正如前面提到的，相结构越纯净表明不同离子在原子层面上的分布越均匀，发生相分离的温度就越高，材料的稳定性能就越高[34]。③孔道结构，文献中的结果显示[35, 36]，材料的烧结行为受孔道结构的影响，其中孔径越大、孔曲率为负的孔有利于抑制材料的烧结。Rhodia 公司的研究者们发现，当多孔材料在高温下发生烧结时，双峰分布的孔结构具有更优异的热稳定性能。这是由于半径较小的孔道在高温焙烧过程中会发生坍塌，但也可能会随晶粒的生长而变大，这部分变大的孔道补偿了部分烧结坍塌的孔道结构，使材料孔道结构受热老化的影响较小[37, 38]。随后的研究结果证实，材料中纳米颗粒不同的堆积方式也能显著地影响其烧结行为[39, 40]，这是由于晶粒间堆积得越紧密，在高温焙烧过程中就越容易与邻近的晶粒烧结在一起形成较大的晶粒；而晶粒间堆积得越松散，邻近晶粒间的空隙就越多，那么在同样的焙烧温度下，需要克服的传质能垒就越大，晶粒烧结长大的程度就越小。

一般来说，主要有两种方法可提高 $CeO_2$-$ZrO_2$ 固溶体的热稳定性能：添加结构稳定剂和优化制备方法。研究发现，在 $CeO_2$-$ZrO_2$ 固溶体中引入阳离子助剂可进一步提高其氧化还原性能和高温稳定性。如碱土金属 Sr 和 Ca 等[41-43]，稀土金属 La、Nd、Pr、Y 和 Sm 等[44-48]，以及过渡金属 Mn、Fe、Co、Ni、Cr 和 Cu 等[49-52]。其可能的作用机理：引入的掺杂离子会替代晶格中的 $Ce^{4+}$ 和 $Zr^{4+}$，一方面，掺杂离子与 $Ce^{4+}$ 和 $Zr^{4+}$ 半径的差异，会导致晶胞的收缩或者膨胀，这个过程会引起与阳离子相关的结构缺陷的形成；另一方面，由于掺杂离子的价态较低（通常为+2 或+3 价），要维持电中性就会在晶格中产生更多的氧空缺[53-55]。这种由第三种掺杂离子的引入而产生的缺陷结构比较稳定，一方面可有效地稳定相结构，降低材料烧结速率，提高其热稳定性能；另一方面可提高体相氧的移动性能，促进其低温还原性能[56]。目前文献中研究最多的主要是 Ce-Zr-M（M 指其他元素）三元混合氧化物体系，而在 $CeO_2$-$ZrO_2$ 固溶体中掺杂两种或多种金属离子的研究少有报道。但是从 Rhodia、BASF、DKKK 公司及国内的淄博加华新材料资源有限公司等的专利[57-60]中可知，以 $CeO_2$-$ZrO_2$ 固溶体为基础，掺杂两种或多种金属离子的材料已经在工业上广泛应用于汽车尾气净化催化剂。因此，为了满足实际应用的需求，应通过优化制备方法才能够进一步提高 $CeO_2$-$ZrO_2$ 基材料的热稳定性能。

制备 $CeO_2$-$ZrO_2$ 基材料的主要方法：高能球磨法、共沉淀法（包括室温共沉淀、中到高温共沉淀、表面活性剂改性共沉淀、超声波诱导共沉淀、电化学共沉淀等）、溶胶凝胶法（包括采用醇盐前驱体、草酸、柠檬酸、聚丙烯酸、肼、聚合醇、尿素等）、水热合成法、微乳液法、喷雾水解法、燃烧合成法、化学气相沉积

（CVD）法等[61-71]。在这些制备方法中，共沉淀法是公认的简单、经济并且工业应用得最多的方法。近年来，在共沉淀制备方法的基础上，发展了许多新的技术。周仁贤课题组[72]在传统共沉淀法的基础上采用乙醇超临界干燥法（265℃，7MPa）制备得到比表面积大且高温稳定性好的 $CeO_2$-$ZrO_2$ 基储氧材料。La 改性的 $CeO_2$-$ZrO_2$ 固溶体，经 1100℃老化 4h 后，比表面积可高达 39.6$m^2$/g，孔容为 0.126mL/g。陈耀强课题组[73]同样采用共沉淀法和乙醇超临界干燥技术制备了 La 和 Pr 改性的 $CeO_2$-$ZrO_2$ 固溶体，得到的样品经 600℃焙烧后的比表面积和孔容分别高达 130$m^2$/g 和 0.75mL/g。并且样品经 1000℃老化 5h 后，其比表面积和孔容仍然分别保持在 52$m^2$/g 和 0.52mL/g。

## 2.2.2　耐高温高比表面积材料

耐高温材料是催化剂使用的最重要的两种载体之一。早期 DOC 催化剂使用得多的是 $\gamma$-$Al_2O_3$、$ZrO_2$、$TiO_2$、MgO、$CeO_2$、$SiO_2$ 等氧化物的一种或几种形成的复合物，以及沸石、莫来石等。但这些载体普遍存在的问题是耐高温能力相对较差，织构性能不理想。这些载体在机动车尾气净化催化剂中主要作为负载贵金属的载体，具有比表面积大、孔结构适当和价廉易得等优点。$\gamma$-$Al_2O_3$ 起着分散活性组分并增加催化剂强度的作用，更重要的是，它会对催化剂的活性及选择性产生很大影响。

$\gamma$-$Al_2O_3$ 又称为活性氧化铝，是一种多孔性的固体物料，它具有较大的比表面积和合理的孔结构分布，是常用的尾气净化催化剂载体。$\gamma$-$Al_2O_3$ 具有带缺陷的尖晶石结构[74]。尖晶石的单位晶胞中有 32 个立方密堆积的 O，形成 16 个八面体空隙和 8 个四面体空隙，单位 $\gamma$-$Al_2O_3$ 晶胞中只有 21×1/3=7 个 Al。电子衍射模式表明，Al 占据了所有的六配位位点，其余的则在四配位位点上随机分布[75]。Al 的随机分布性导致了 $\gamma$-$Al_2O_3$ 的 XRD（X 射线衍射）峰具有一定的宽化特征[76]。$\gamma$-$Al_2O_3$ 在 750～1000℃时将发生晶相转变，生成亚稳的 $\delta$-$Al_2O_3$ 和 $\theta$-$Al_2O_3$，最后得到 $\alpha$-$Al_2O_3$。在这个过程中，晶粒的烧结使比表面积急剧下降。工业上 $\gamma$-$Al_2O_3$ 通常是通过将拟薄水铝石颗粒在 400～450℃加热脱水的方法来制备，主要步骤包括成胶、洗涤、干燥、成型和焙烧[77, 78]。尽管无定形氧化铝的比表面积随焙烧条件的不同最高能达到 800$m^2$/g[79]，但 $\gamma$-$Al_2O_3$ 一般比表面积低于 250$m^2$/g，孔容小于 0.50$cm^3$/g，孔道为颗粒间堆积的空隙所形成的体相孔，孔径分布过宽且难以调控。因此，传统方法制备的 $\gamma$-$Al_2O_3$ 的应用在很大程度上受到了其体相性质和孔道结构的限制[80]。

氧化铝载体必须具有适中的比表面积、合适的孔结构及孔径分布（介孔结构）、适合并促进尾气净化反应的表面性能及出色的抗水热老化能力，才能满足机动车尾气净化催化剂载体的要求。$\gamma$-$Al_2O_3$ 在 1000℃ 以上会转变为比表面积小、表面惰性的 $\alpha$-$Al_2O_3$[81, 82]，急剧降低了催化剂活性，导致催化剂失活。催化剂活性的降低与催化剂比表面积的减小具有线性关系[83]。因此，为了维持 $\gamma$-$Al_2O_3$ 所负载的催化剂在高温下仍然具有较高活性，保持 $\gamma$-$Al_2O_3$ 的热稳定性是非常重要的。众所周知，$La_2O_3$ 能够有效地稳定 $\gamma$-$Al_2O_3$，提高 $\gamma$-$Al_2O_3$ 向 $\alpha$-$Al_2O_3$ 相转变的温度[84-87]。高分散的氧化镧及在氧化镧和氧化铝接触面通过固态反应生成的铝酸镧都能够有效地稳定氧化铝。由于氧化镧呈碱性，能够中和氧化铝的表面酸性，进而提高了氧化铝的热稳定性并促进酸性分子在氧化铝为载体的催化剂表面的活化，如机动车尾气中 NO 的吸附、活化，促使催化剂的高温稳定性及催化活性的提高。此外，氧化镧能够使催化剂在高温下保持活性组分如 Pt、Pd、Rh 等的高度分散，阻止因 $\gamma$-$Al_2O_3$ 相变而导致表面活性组分减少；且 $La^{3+}$ 在很大程度上能够阻止 Rh 和 $\gamma$-$Al_2O_3$ 之间的相互作用[88]。由于 $La_2O_3$ 对 $\gamma$-$Al_2O_3$ 表现出了出色的热稳定性，在许多制备方法中都添加 $La_2O_3$ 进一步提高氧化铝的热稳定性[85]。

　　氧化铝的制备方法不同，得到的氧化铝的热稳定性也不同。因此，改善氧化铝的制备方法也能很好地提高氧化铝的热稳定性。Ozawa 等[87]采用添加 $(CH_2)_6N_4$ 所实现的均相浸渍法制备的氧化铝比常规的浸渍法制得的氧化铝稳定性要好。Wang 等[89]采用逆向微乳法制备硅改性的氧化铝，经 1100℃ 焙烧 10h 后，氧化铝仍以 $\gamma$、$\delta$ 和 $\theta$ 相存在，比表面积高达 150m$^2$/g。

　　目前，更多的是采用在改进的制备方法中加入稳定助剂以实现阻止氧化铝高温相变，以期制备出更高性能的活性氧化铝。Das 等[90]报道了分别采用去离子水和乙醇作溶剂，用浸渍法将 $La(NO_3)_3$ 浸渍到活性氧化铝的表面，研究发现，以乙醇为介质制备的氧化铝在高温下保持了较大的比表面积，而且推迟了由 $\gamma$-$Al_2O_3$ 向 $\alpha$-$Al_2O_3$ 转变的相变温度。Kamal[91]采用新的凝胶混合法制备了 $CeO_2$ 改性的氧化铝，结果发现，所制得的氧化铝在 1000℃ 高温焙烧后仍以 $\gamma$ 相存在。在 $CeO_2$ 添加量为 10% 时，1000℃ 焙烧后的氧化铝样品具有最大的比表面积和孔容，分别是 114m$^2$/g 和 0.45mL/g。

　　为了提高催化剂的抗硫性，不被硫酸盐化的 $TiO_2$、$ZrO_2$ 等材料被当作抗硫组分引入机动车尾气净化催化剂体系中，并取得了良好的抗硫效果[92-94]。但是纯 $TiO_2$ 的比表面积较小，这会使 $TiO_2$ 基催化剂对 Pt 的分散较差，从而对 CO 和 HC 的催化净化活性较差；此外，$TiO_2$ 的热稳定性较差，在较高温度下锐钛矿相 $TiO_2$ 容易转变为金红石相，与此同时，$TiO_2$ 材料的织构性质会被破坏（比表面积及孔容的明显降低）[95, 96]，从而导致贵金属活性组分 Pt 的烧结及催化剂活性的劣化[97]。制备出 $TiO_2$、$ZrO_2$ 等掺杂的氧化铝材料有利于提高催化剂的低温催化活性、抗硫性及热稳定性，对柴油车尾气中 CO、HC、SOF 等污染物的总体净化效果良好。

### 2.2.3 分子筛

分子筛表面的原子受到非平衡力的作用，使其表面存在过剩的自由能，具有较强的吸附作用；同时由于分子筛孔穴中存在阳离子，骨架氧也带有电荷，在这些离子附近还存在较大的静电力；并且分子筛具有高的比表面积及酸性，使分子筛具备特有的吸附和扩散性质，对污染物的吸附分离有十分重要的作用[98]。因此，越来越多的人开始使用分子筛作为催化材料[99]。尤为重要的是，使用分子筛作为催化材料可以解决冷启动 HC 排量过多的问题。常用的分子筛有丝光沸石、Y 型分子筛、ZSM-5 沸石和 Beta 分子筛等。日本丰田公司将适合吸附低碳烃的 ZSM-5 沸石和适合吸附高碳烃的 Y 型分子筛按一定比例混合后作为吸附剂，可同时吸附不同碳数与尺寸的 HC[100]。HC 在分子筛上存在两种吸附：一种是低温的分子吸附，另一种是酸性位上的低聚吸附。后者为化学吸附，发生在分子筛的酸性位上，保证了 HC 在较高的温度下脱附。分子筛的酸性位具有较强的吸附作用力，即保证 HC 在较高的温度下脱附的能力[101]。

由于分子筛黏结性很差，通常将分子筛通过黏结剂涂覆到堇青石陶瓷蜂窝载体上。但是这样做容易堵塞分子筛孔道而减弱其对 HC 的吸附[102]。仔细选择黏接剂和制浆的方法很重要，另一个解决办法是在载体表面原位合成分子筛，即在堇青石陶瓷蜂窝表面上直接生长出分子筛晶体[101-103]。原位合成的分子筛能够在堇青石的表面及孔内结晶[102]，并与堇青石之间形成化学键，因而能够紧密地与载体结合形成一个整体。多个课题组采用水热原位合成法制备出了多种类型的分子筛，例如，Okada 等[103]采用原位合成法制备了 ZSM-5 沸石。

## 2.3 氧化型催化剂的发展现状

### 2.3.1 氧化型催化剂的组成

DOC 主要由基体和催化剂组成，而催化剂由载体、活性组分和助剂组成。柴油车尾气净化氧化催化转化器（DOC 系统）如图 2-2（a）所示，将 DOC 粉末制成涂层负载在基体（一般为堇青石蜂窝陶瓷，如图 2-2（b）所示）上即可制得整体式 DOC；之后，加装垫层和外壳材料，再经过封装工艺即可生产出工业化柴油车尾气净化氧化催化转化器。

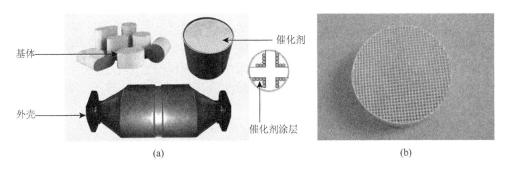

基体

外壳

催化剂

催化剂涂层

(a)　　　　　　　　　　　　　　　　　(b)

图 2-2　柴油车 DOC 系统示意图（a）及 DOC 基体示意图（b）

## 2.3.2　氧化型催化剂的种类

氧化型催化剂目前分为贵金属和非贵金属催化剂。非贵金属催化剂方面，以过渡金属为主要的活性组分，但其本征活性和热老化性能较差，在工业应用上受限制。目前在工业上，较常用活性组分是贵金属 Pt 和 Pd。Pd 的引入降低 Pt 的用量，并与 Pt 发生协同作用，使贵金属颗粒在载体表面较难聚集，从而抑制 Pt 的烧结，提高催化剂的抗老化性能。目前，少量 Pd 代替 Pt，对氧化型催化剂的低温性能也有所提高，同时是提高贵金属抗老化性能的途径之一。

### 1. 贵金属催化剂

贵金属独特的催化活性、选择性和稳定性，使之在催化剂行业备受关注，尤其是随着世界汽车工业的迅猛发展，车用催化剂耗用的贵金属量更是逐年上升，已占到贵金属用量的 60%以上。在车用催化剂开发的初始阶段，曾对贵金属以外的 5000 种元素、化合物进行筛选，但是能够满足净化性能和耐久性的材料只有贵金属。目前常用的贵金属是 Pt、Pd、Rh、Ru 等。它们的 d 轨道都未填满，表面易吸附反应物，且强度适中，利于形成反应过程中的"活性中间体"，具有高的催化活性，同时还具有耐高温、抗氧化、耐腐蚀等综合优良特性。就 DOC 催化剂的研究和发展过程来说大概经历了两个阶段：第一阶段，单 Pt 氧化型催化剂。该催化剂对氧化净化 CO 和 HC 有利，在 20 世纪 70 年代已广泛应用，满足了当时的排放要求，随着排放标准的严格，对 NO 的净化效果欠佳。第二阶段，Pt/Pd 双金属三效催化剂。该催化剂能同时净化 CO、HC、SOF、NO 及部分碳烟颗粒，其优点是活性高、净化效果好、寿命长，但造价高，目前在国外广泛应用。

贵金属催化剂虽然具有活性高、热稳定性和选择性好等诸多优点，但同时实际应用中还有一些具体问题需要深入研究解决。例如，贵金属催化剂容易受柴油及润滑油中的 S、Pb、P 等元素的影响而中毒失活；高温稳定性差，在高温条件下易发生烧结和晶粒长大的现象；同时贵金属资源匮乏，价格昂贵，如果将其用于捕集器上会增加成本，而这也使贵金属催化剂的实际应用受到制约。由于贵金属储量有限，成本较高，当前的研究主要集中在如何保持反应活性与寿命不受影响的同时降低贵金属含量，以及用非贵金属部分替代贵金属。

2. 非贵金属催化剂

非贵金属催化剂目前主要研究的是钙钛矿和尖晶石两类催化剂。

钙钛矿结构是一种独特的密堆积结构，其结构中的元素几乎涵盖整个元素周期表。钙钛矿结构具有丰富的可调变性，这为电子、离子和激子的传输提供了优越的环境，其结构中的晶格、电荷、轨道和自旋等之间的相互耦合和强关联作用使钙钛矿型材料具有丰富的物理化学性质。

在过去的二十多年里，钙钛矿型氧化物凭借其热稳定性好、价格低廉、催化活性高和结构容忍度高等优点，逐渐成为现代工业催化领域研究的热点，并被认为是最佳的贵金属替代品。钙钛矿或类钙钛矿型催化剂是指具有与天然 $CaTiO_3$ 相同结构的氧化物。钙钛矿结构可以用 $ABO_3$ 表示，A 位是半径较大的碱金属、碱土金属和稀土金属离子，处于 1 个氧原子组成的十四面体的中央；B 位是半径较大的过渡金属离子，处于 6 个氧原子组成的八面体的中央。$ABO_3$ 型氧化物的催化活性强烈地依赖于 B 位阳离子的性质，A 位离子主要通过控制活性组分 B 的原子价态和分散状态而起稳定结构的作用。钙钛矿型复合氧化物具有稳定的结构和较好的热稳定性，是一类被视为能够替代传统贵金属催化剂的物质。研究发现，表面吸附氧和晶格氧同时影响钙钛矿催化活性。较低温度时，表面吸附氧起主要的氧化作用，这类吸附氧的能力由 B 位的金属决定；温度较高时，晶格氧起作用。不仅改变 A、B 位的金属元素可以调节晶格氧数量和活性，用+2 或+4 价的原子部分替代晶格中+3 价的 A、B 位置的原子也能产生晶格缺陷或晶格氧，进而提高催化活性。

在 20 世纪 70 年代初期，含钴或锰的钙钛矿催化剂在汽油机尾气方面的应用得到了初步的研究，结果表明，这类催化剂在这个领域显示了较高的活性。由于柴油车尾气中的氧含量会随着外界环境的改变而发生很大的变化，因此，钙钛矿氧化物这种具有可调变离子价态和优异储氧-释放氧性能的催化剂有望取代价格昂贵、资源匮乏的贵金属催化剂。虽然钙钛矿和类钙钛矿复合氧化物的高温稳定性很好，但是小尺寸的纳米钙钛矿型或类钙钛矿型催化剂在高温条件下使用时，存在高温烧结致使其比表面积减小的现象。低的比表面积及弱的抗硫性能限制了它在实际中的应用。因此有必要对其开展广泛的研究工作，使其技术得到突破，成为柴油机尾气控制的理想催化剂，来满足日益严格的柴油机排放标准。随着油品中硫含量的降低，甚至无硫燃料的普及，钙钛矿和类钙钛矿催化剂的应用将会越来越广泛。

尖晶石（$MgAl_2O_4$）型复合氧化物，其结构中氧离子按立方紧密堆积排列，二价阳离子充填于八分之一的四面体空隙中，三价阳离子充填于二分之一的八面体空隙中。通式为 $AB_2O_4$，是离子晶体中的一个大类，为等轴晶系。A 为二价阳离子，如 $Mg^{2+}$、$Fe^{2+}$、$Co^{2+}$、$Ni^{2+}$、$Mn^{2+}$、$Zn^{2+}$、$Cd^{2+}$ 等；B 为三价阳离子，如 $Al^{3+}$、$Fe^{3+}$、$Co^{3+}$、$Cr^{3+}$、$Ga^{3+}$ 等。结构中 $O^{2-}$ 为立方紧密堆积，A 离子填充在四面体空隙中，B 离子填充在八面体空隙中，即 $A^{2+}$ 离子为 4 配位，而 $B^{3+}$ 为 6 配位。尖晶石型复合氧化物用作催化剂时的结构都是非化学计量的，这样可以产生大量的缺陷，从而提高催化剂的氧化还原性能。研究表明，尖晶石型复合氧化物通常有如下优点：热稳定性好、机械强度高、价格低廉、催化活性高等。因此，将该系列催化剂应用于净化柴油机尾气污染物具有重要意义。

### 3. 复合催化剂

由于贵金属资源稀缺，成本较高，在保持其催化活性与寿命不受影响的同时降低贵金属含量，贵金属和其他非贵金属组成的二元、三元甚至多组分催化剂，这样可显著降低催化剂的成本。复合催化剂是指几种氧化物或金属混合后在保留各自结构的基础上，形成的在结构上与原催化剂不同并且在界面上形成新相的一类催化剂。催化剂的作用在于加速反应物之间的电子转移，这就要求催化剂既具有接受电子的能力，又有给出电子的能力。过渡金属的 d 轨道正具有这种特性。如过渡金属与贵金属的组合，在保留贵金属特性的基础上，过渡金属表面所暴露的空配位代表了金属原子没有得到满足的化学作用力，其数量级与使金属原子聚集在一起的化学作用力相当，因此只要轨道对称性、轨道的能级匹配得当，它们对反应物分子所发生的作用及活化反应物分子的能力是相当大的。此类催化剂通常在较低的温度下就能表现出催化能力，这种能力表现在它们对反应物分子的选择性化学吸附及吸附作用的强弱上，而这一切都与过渡元素 d 轨道特性密切相关。另外，由于金属原子之间的化学键是非定域化的，因此金属的晶体结构、取向、颗粒大小、分散度及其他金属元素的电子迁移作用或轨道杂化作用都会对催化性能有直接的影响。对于多相催化来说，传统催化理论认为配位不饱和的台阶（terrace）、扭点（kink）、边（edge）、角（corner）是催化活性中心点，但多相催化剂在催化过程中可能发生活性中心点的转变（团聚或再分散），每个中心点所处的化学环境不同会引起反应性能的差异，如何提高催化剂的本征催化活性至关重要。贵金属与非贵金属复合后，非贵金属可发挥结构效应和电子效应，一方面分散贵金属，提高贵金属的利用率；另一方面还形成新的吸附活化中心。无论是二元还是三元的复合催化剂，催化剂的形貌控制和电子效应及结构效应，对储量丰富且价格更低的非贵金属催化剂的研发具有重要意义。

### 2.3.3　氧化型催化剂的制备技术

负载型催化剂因具有制备过程简单、高活性和选择性、低腐蚀性、工艺易重复利用等优点，成为应用最为广泛的催化剂之一。负载型催化剂是将具有催化活性的金属组分负载在高比表面积的载体上，其催化性能和组成与结构有着直接的关系。制备合格的固体催化剂，通常要经过制备（使之具有所需的化学组分）和活化（使其化学形态和物理结构满足催化活性的要求）等步骤来完成。贵金属固体催化剂纳米结构中，贵金属一般主要以颗粒状存在，这种微小的纳米级粒子的形成需要一定的制备过程及合成方法。传统的一些方法，如浸渍法、沉积沉淀法、离子吸附法、溶胶凝胶法和微乳液法等，被广泛地应用于制备贵金属负载型催化剂。通过这些方法可以得到负载型或非负载型纳米级贵金属颗粒。浸渍法是制备负载型纳米级贵金属催化剂的最常用的方法，用该方法制得的 Pt/Al$_2$O$_3$ 催化剂，其贵金属粒子的粒径一般为几纳米到几十纳米。在浸渍过程中，贵金属 Pt 物种能够与载体发生强相互作用，即使经过洗涤，它们也能够牢牢地固定在载体上，而且正是这种强相互作用阻止了贵金属粒子在催化剂焙烧过程中烧结长大。沉积沉淀法也是制备纳米级贵金属催化剂的有效方法，该方法制得的贵金属粒子的粒径一般为几纳米。DOC 的贵金属类催化剂的制备常采用浸渍法。

浸渍法是基于活性组分（含助催化剂）以盐溶液形态浸渍到多孔载体上并渗透到内表面，从而形成高效催化剂的原理。通常将含有活性物质的液体浸渍在载体上，当浸渍平衡后，去掉剩余液体，再进行与沉淀法相同的干燥、焙烧、活化等后处理工序。经干燥，将水分蒸发逸出，可使活性组分的盐类遗留在载体的内表面上，这些金属和金属氧化物的盐类均匀分布在载体的孔道中，经加热分解及活化后，即得高度分散的负载型催化剂。

活性溶液必须浸在载体上，常用的多孔性载体有氧化铝、氧化硅、活性炭、硅酸铝、硅藻土、浮石、石棉、陶土、氧化镁、活性白土等，可以用粉状的，也可以用成型后的颗粒状的。氧化铝和氧化硅这些氧化物载体，就像表面具有吸附性能的大多数活性炭一样，很容易被水溶液浸湿。另外，毛细管作用力可确保液体被吸入整个多孔结构中，甚至一端封闭的毛细管也将被填满，而气体在液体中的溶解则有助于过程的进行。但也有些载体难以浸湿，例如，高度石墨化或没有化学吸附氧的碳就是这样，可采用有机溶剂或将载体在真空下浸渍[104]。浸渍法具有下列优点：其一是可选择合适的载体，提供催化剂所需物理结构特性，如比表面积、孔半径、机械强度、导热率等；其二是活性组分多数情况下分布在载体表面上，利用率高，用量少，成本低，这对 Pt、Pd 等贵金属催化剂特别重要。正因为如此，浸渍法可以说是一种简单易行且经济的方法，广泛用于制备负载型催化剂，尤其是低含量的贵金属负载型催化剂。其缺点是焙烧分解工序常产生废气污染，要通过催化燃烧等技术处理焙烧过程中产生的废气。

根据浸渍液的量和浸渍次数，浸渍法分为以下几种类型。

过量浸渍法：过量浸渍是浸渍溶液（浓度为 $x\%$）的体积大于载体。该过程是活性组分在载体上的负载达到吸附平衡后，再过滤掉（而不是蒸发掉）多余的溶液，此时活性组分的负载量需要重新测定。该方法的优点是活性组分分散比较均匀，并且负载量能达到最大值（相对于浓度为 $x\%$ 时），当然这也是其缺点——不能控制活性组分的负载量，很多时候并不是负载量越大活性越好，负载量过多离子也容易聚集。

等体积浸渍法：等体积浸渍就是载体的体积（一般情况下是指孔容）和浸渍液的体积一致，浸渍液刚好能完全进入孔里面。该方法的特点与过量浸渍法相反：活性组分的分散性很差，有的地方颗粒小，有的地方颗粒则很大（因为载体倒入时有先后顺序，先与溶液接触的载体会吸附更多的活性相）；但是它能比较方便地控制活性组分的负载量，并且负载量很容易计算出来。对颗粒大小要求不是很严的催化剂，该方法效果较好。

多次浸渍法：多次浸渍法即浸渍、干燥、焙烧反复进行数次。过量浸渍法等体积浸渍法和下面介绍的沉淀浸渍法都可采用多次浸渍，使用这种方法的原因有两点：一是浸渍化合物的溶解度很小，一次浸渍不能得到足够的负载量，需要重复浸渍多次；二是为避免多组分浸渍化合物各组分之间的竞争吸附，应将各组分按顺序先后浸渍。每次浸渍后，必须进行干燥和焙烧。该工艺过程复杂，除非上述特殊情况，应尽量少采用。

浸渍沉淀法：是在浸渍法的基础上辅以均匀沉淀法发展起来的，即在浸渍液中预先配入沉淀剂母体，待浸渍单元操作完成后，加热升温使待沉淀组分沉积在载体表面上。此法可以用来制备比浸渍法分布更加均匀的金属或金属氧化物负载型催化剂。

也可以采用流化喷洒浸渍法，将浸渍溶液直接喷洒到反应器中处在流化状态的载体颗粒上，制备完毕可直接转入使用，无需专用的催化剂制备设备。

还有蒸气相浸渍法，借助浸渍化合物的挥发性，以蒸气相的形式将它负载到载体表面上，但活性组分容易流失，必须在使用过程中随时补充。

在 DOC 的非贵金属类催化剂的制备中常采用沉淀法，用沉淀剂将可溶性的催化剂组分转化为难溶或不溶化合物，经分离、洗涤、干燥、焙烧、还原等工序，制得成品催化剂。该方法广泛用于高含量的非贵金属、金属氧化物、金属盐催化剂或催化剂载体制备中。根据沉淀液和沉淀剂的不同作用方式，有如下几种沉淀方式：①共沉淀法，将催化剂所需的两种或两种以上的组分同时沉淀的一种方法。其特点是一次操作可以同时得到几种组分，而且各个组分的分布比较均匀。如果各组分之间形成固体溶液，那么分散度更为理想。为避免各个组分的分步沉淀，各金属盐的浓度、沉淀剂的浓度、介质的 pH 及其他条件都须满足各个组分一起沉淀的要求。②均匀沉淀法，首先使待沉淀液与沉淀剂母体充分混合，形成一个十分均匀的体系，然后调节温度，逐渐提高 pH，或在体系中逐渐生成沉淀剂等，创造形成沉淀的条件，使沉淀过程缓慢地进行，以制取颗粒十分均匀且比较纯净的固体。例如，在铝盐溶液中加入尿素，混合均匀后加热升温至 90～100℃，此时体系中各处的尿素同时水解，放出 OH⁻，于是氢氧化铝沉淀可在整个体系中均匀地形成。③超均匀沉淀法，以缓冲剂将两种反应物暂时隔开，然后迅速混合，在瞬间使整个体系在各处同时形成一个均匀的过饱和溶液，可使沉淀颗粒大小一致，组分分布均匀。以上是 DOC 的主要制备方法，随着发展的需要，滚涂法、离子交换法及锚定法等多种方法被使用，目的是制备出活性和稳定性能优异的催化剂。

锚定法是将活性组分（比作船）通过化学键合方式（比作锚）定位在载体表面上。此法多以有机高分子、离子交换树脂或无机物为载体，负载铑、钯、铂、钴、镍等过渡金属的络合物。能与过渡金属离子进行化学键合的载体表面上应有某些官能团（或经化学处理后接上官能团），如—X、—CHX、—OH 等基团。将这类载体与膦、胂或胺反应，使之膦化、胂化、胺化，再利用这些载体表面的磷、砷、氮原子的孤对电子与络合物中心金属离子进行配位络合，可以制得化学键合的固相催化剂。如果在载体表面上连接两个或多个活性基团，制成多功能固相催化剂，则在一个催化剂装置中可以完成多步合成。

### 2.3.4　氧化型催化剂的发展

DOC 早在 20 世纪 70 年代就被引入柴油车尾气控制系统中，对 CO、HC 及颗粒物均能起到较好的净化效果，还能净化尾气中的醛类物质，减轻柴油机排气臭味，满足前期较低的（如欧洲 0 号、欧洲 I 号）排放标准。随着排放标准的升级，在柴油车尾气净化处理系统中，DOC 仍然是柴油车尾气控制系统中不可或缺的部分[105]。

DOC 活性组分从最初的稳定性较差的 Cu、Fe、Ni 等过渡金属，发展到现在的稳定性好的 Pt、Pd 等贵金属，功能也从最初净化 CO 和未燃烧的 HC 发展到现在氧化 CO、HC 和颗粒物中的可溶性有机物等，同时还有氧化 NO 的能力。国内柴油品质参差不齐，DOC 的工作环境较为复杂（排气温度低、氧过量、高空速等），故用于催化净化柴油车尾气的 DOC 必须满足低温性能好、抗劣化能力强等性质，这就要求催化材料具有良好的结构稳定性和织构性质。具有大比表面积的催化剂载体可以增强贵金属活性组分在载体表面的分散，从而有利于提高催化剂的本征活性，使其表现出更优异的催化氧化能力；同时，具有大孔容的多孔催化剂载体更有利于反应中物质的传质和传热，有利于反应的持续进行。

Pt/Al$_2$O$_3$ 是一种被广泛研究及改进的 DOC。Kamijo 等[106]将分子筛引入 Pt/Al$_2$O$_3$ 中，提高了 Pt/Al$_2$O$_3$ 基 DOC 对冷启动时柴油车尾气中 HC 排放的净化效率。Verdier 等[107]证实了 Pt/Al$_2$O$_3$ 基 DOC 催化剂抗老化性能优异，在老化后仍能保持较好的催化活性。Olsson 课题组[108, 109]则主要研究了 Pt/Al$_2$O$_3$ 催化剂对柴油车尾气中 NO 氧化的性能。在工业 DOC 的生产及应用中，Pt/Al$_2$O$_3$ 也是被广泛使用、推广的[110]。

与此同时，CeO$_2$ 基储氧材料因其在汽油车三效催化剂中的重要作用得以迅速发展。现阶段，Al$_2$O$_3$ 及稀土元素掺杂的 CeO$_2$-ZrO$_2$ 载体材料在具有优异储氧性能的同时表现出良好的热稳定性，在高温焙烧后，CeO$_2$-ZrO$_2$-Al$_2$O$_3$ 等复合载体氧化物材料仍然可以保持较好的织构性质。因此，当前基于 Pt/CeO$_2$-ZrO$_2$-Al$_2$O$_3$ 或 Pt-Pd/CeO$_2$-ZrO$_2$-Al$_2$O$_3$ 的 DOC 的相关研究也极为活跃。BASF 公司等机动车尾气净化催化剂国际供应商近年来的 DOC 催化剂技术甚至主要是基于 Pt-Pd/CeO$_2$-ZrO$_2$-Al$_2$O$_3$ 的多涂层复合型 DOC 催化剂[111, 112]。

## 2.4　氧化型催化剂的发展展望

由于柴油车尾气所具有的独特性质，柴油车尾气净化氧化型催化剂的开发面临诸多问题。主要需要在发展过程中解决如下问题。

### 1. 抗硫性

我国柴油中硫含量较高，这对柴油车的推广及柴油车尾气净化催化剂技术的发展均提出了挑战。Zhang 等[113]在 2010 年的研究中发现，从济南、上海、长春和西安等地城区加油站或高速路加油站所收集的 235 个燃油样品中，59%左右的汽油硫含量超过 150ppm，其中 12%的汽油硫含量超过 500ppm；87%左右的柴油样品中硫含量超过 350ppm，其中 72%的柴油硫含量为 500～2000ppm，约 7.5%的柴油硫含量超过 2000ppm。

近年来，为了缓解因燃油燃烧带来的环境问题，国家对燃油品质做出了明确的要求，自 2015 年 1 月起，标准要求全国范围使用国Ⅳ柴油，车用柴油中硫含量为 50ppm[114]。由于柴油中的硫物种经燃烧后会在尾气中生成 SO$_2$，SO$_2$ 的存在会使 DOC 发生硫中毒，从而使催化活性劣化甚至失活；此外，在 DOC 存在时，柴油车尾气中的 SO$_2$ 容易与 O$_2$ 反应生成 SO$_3$，再与尾气中的水结合，从而生成硫酸及其他硫酸盐颗粒物，此时柴油车尾气中液态颗粒物及 PM 的排放总量均会增多；而且硫酸盐在催化剂表面沉积不仅会造成催化剂活性劣化，还会堵塞催化剂孔道，造成发动机背压升高，从而使得燃料不能充分燃烧，进一步增大了尾气污染物浓度。

尽管柴油中硫含量的降低可以缓解催化剂硫中毒情况，但是，从长期性能来看，DOC 的硫中毒现象仍然是不能避免且亟待解决的问题[115]。康明斯公司（Cummins inc.）的研究人员发现，在终身使用超低硫柴油（ultra-low sulfur diesel，ULSD，柴油硫含量低于 10ppm）的重型柴油车上，DOC 达到使用寿命后，其累积硫物种的量甚至仍高达数千克[116]。

由此可见，催化剂上硫的累积问题不容忽视，对 DOC 抗硫性的研究具有重大的现实意义。但是，当前 DOC 主要以 $Al_2O_3$ 或 $CeO_2$ 基储氧材料为载体，并不具备优异的抗硫性。因而，对 DOC 的研究，需要考虑催化剂的抗硫性，尤其需要注意减少及避免催化剂上硫酸盐的沉积。这对 DOC 的发展而言既是一项挑战，同时也是重大的发展机遇。

### 2. 低温催化活性

由于柴油车的循环工作过程主要为吸入大量空气、压缩空气、压缩空气产生高温后喷入燃料、燃料燃烧、燃料燃烧膨胀产生动力、排气。柴油车压缩大量空气产生高温后，喷入少量燃料产生动力，这种工作方式使柴油车尾气属于稀燃气氛，柴油车尾气温度较低。

在欧洲城区工况循环下柴油车平均尾气温度为 80～180℃，最高温度约为230℃；在城郊工况循环下尾气温度最高可以达到 440℃。总体来讲，柴油车尾气温度一般处于 180～280℃的范围内。

为了进一步提高柴油车的燃油经济性，降低其尾气污染物排放量，近年来，涡轮增压和废气再循环（EGR）等技术被应用于柴油车上，这些技术在提高柴油车燃油燃烧效率的同时，因引入更多的低温空气从而进一步降低了尾气温度。随着柴油车技术的继续进步，其燃油消耗量可能再次降低 10%左右，燃料消耗量降低的同时必然会导致尾气温度的再次降低。

柴油车冷启动时催化剂不能迅速达到正常工作温度，加之柴油车尾气的温度相对较低，导致产生的 HC 不能及时被处理而排放，超出排放标准。目前有很多的解决办法，如降低催化剂的起燃温度、使用电加热转化器（EHC）或密偶催化器加大催化剂的升温速度等。还有一个有效途径是在催化剂达到其工作温度之前用 HC 吸附剂捕捉 HC，当催化剂达到其工作温度之后再将 HC 释放，释放的 HC则被催化转化。因此，HC 吸附剂不仅具有很高的吸附容量，而且能够使 HC 的脱附延迟到催化剂的工作温度。常用的 HC 吸附剂为沸石分子筛。沸石分子筛所具有的独特的孔结构和酸性位使其能够有效地吸附 HC，并能够保证 HC 的高温脱附，而且通过对沸石分子筛进行改性可有效地改善其对 HC 的吸附性能，并能减少尾气中水蒸气对吸附性能的影响。

### 3. 高温热稳定性

尽管柴油车在正常行驶过程中其尾气温度多处在较低的范围内，但柴油车在高速行驶、加速阶段或者高负载运行等极端条件下工作时，其尾气温度也会迅速上升，故而柴油车尾气净化催化剂在具有良好的净化效率的同时，还需要具有优异的抗热老化性能，这就对催化剂的热稳定性提出了要求。

尤其是随着柴油车尾气排放标准的日益完善、严格，其对柴油车尾气中氮氧化物及颗粒物等污染物均提出了明确的排放标准。单纯的柴油车尾气排放机内净化技术及 DOC 技术已无法达到排放标准的要求。目前，应用最为广泛的解决办法是引入 DOC + CDPF + SCR 的催化剂后处理系统[107, 117-119]。在该催化剂后处理系统中，CDPF 安装在 DOC 催化剂的后端；在 CDPF 再生时（CDPF 再生：柴油车尾气中 PM 经 CDPF 过滤，在滤壁上累积，达到一定程度后需高温氧化成 $CO_2$ 除去，该过程称为 CDPF 再生。工业上 CDPF 再生一般采用柴油机喷油燃烧氧化 PM 颗粒），尾气温度会急剧升高，从而使 DOC 催化剂床层温度也骤然上升，该阶段可以使 DOC 催化剂床层温度达到 850℃左右。催化剂床层温度的升高会导致催化剂表面贵金属活性组分的烧结及载体织构性质的破坏，甚至是催化剂颗粒的烧结团聚，从而导致催化剂活性劣化甚至失活。在高温尤其在水热条件下，$\gamma$-$Al_2O_3$ 涂层容易发生相变和烧结，导致比表面积下降，降低催化剂的催化活性；分子筛涂层在高温和水热环境中容易发生脱铝而导致骨架塌陷，降低吸附能力。通过掺杂稀土元素如镧、铈等可有效地提高 $\gamma$-$Al_2O_3$ 及分子筛的稳定性。

可见，提高 DOC 催化剂高温水热稳定性是保证其在实际应用中具有良好催化活性的必要前提。此外，具有良好的高温热稳定性也是保证催化剂耐久性的重要因素之一。

### 4. NO 氧化性能

在柴油车后处理系统 DOC + DPF + SCR + ASC 中，DOC 主要将 NO 氧化为 $NO_2$。但是反应气分子 CO、HC 与 NO 存在竞争反应。$NO_2$ 可以被 CO 和 $C_3H_6$ 完全还原；而且由于位点的竞争吸附，HC 会抑制 NO 的氧化，同时 NO 氧化也会抑制 HC 的氧化。在 DPF 中，$NO_2$ 作为氧化剂，对碳烟进行氧化净化。余下的 $NO_x$ 混合物进入 SCR 中，与喷入的尿素进行反应，当 $NO/NO_2$ 的物质的量比为 1∶1 时能发生快速 SCR 反应，转化为 $N_2$。于是，DOC 对 NO 的催化氧化性能对提高柴油车后处理的效率有十分重要的作用。

### 5. 降低催化剂成本，提高贵金属的利用效率，开发非贵金属催化剂

由于贵金属资源稀缺，成本较高，提高贵金属的利用效率、开发低或非贵金

属催化剂、降低催化剂成本是未来的趋势。研究发现，通过制备贵金属合金、核壳结构纳米团簇，以及贵金属与非贵金属复合等方式，不仅能有效地减少贵金属用量，而且催化剂能保持很高的催化活性。在贵金属催化剂中掺杂非贵金属后，由于某些非贵金属特殊的电子特性和原子结构，一方面可以起到分散贵金属的作用，提高贵金属的利用率，同时其与贵金属形成新的活性中心，提高催化剂的本征催化活性。催化剂的表界面效应和电子效应等作用对储量丰富且价格更低的非贵金属催化剂的研发具有重要意义。

　　如前所述，降低催化剂成本，开发非贵金属催化剂可能会是未来的趋势。非贵金属催化剂目前除了钙钛矿和尖晶石类催化剂，过渡金属氧化物催化剂也具有独特的优势。钙钛矿结构可以使一些金属元素以非正常价态存在，具有非化学计量比的氧，或使活性金属以混合价态存在，呈现某些特殊性质，钙钛矿结构的特殊性使其在催化方面得到广泛应用。钙钛矿型氧化物表面组分和结构极其复杂，并且其电子结构对催化剂的活性和稳定性起到至关重要的作用，同时钙钛矿型氧化物具有热稳定性好、价格低廉、催化活性高和结构容忍度高等优点，逐渐成为现代工业催化领域研究的热点，并被认为是最佳的贵金属替代品。过渡金属氧化物催化剂抗中毒能力强，热稳定性好，并且 $M^{n+}/O^{2-}$ 的物质的量比是非化学计量的，$M^{n+}$ 在反应气氛作用下价态可变，在氧化还原反应中起着重要的作用。通过调节过渡金属氧化物的键强度、构筑表面缺陷、调控其表面结构及酸碱性能等，可以设计出符合预期目标的高催化活性、高稳定性、廉价的纳米复合催化剂材料。

# 参 考 文 献

[1]　王建强，王远，刘双喜，等. 柴油车氧化催化技术研究进展. 科技导报，2012，30（25）：68-73.

[2]　McCarthy E，Zahradnik J，Kuczynski G C，et al. Some unique aspects of CO oxidation on supported Pt. Journal of Catalysis，1975，39（1）：29-35.

[3]　Katare S R，Laing P M. A hybrid framework for modeling aftertreatment systems：A diesel oxidation catalyst application. SAE Technical Paper，2006，2006-01-0689.

[4]　Barresi A A，Baldi G. Deep catalytic oxidation of aromatic hydrocarbon mixtures：Reciprocal inhibition effects and kinetics. Industrial & Engineering Chemistry Research，1994，33（12）：2964-2974.

[5]　Dangi S，Abraham M A. Kinetics and modeling of mixture effects during complete catalytic oxidation of benzene and methyl tert-butyl ether. Industrial & Engineering Chemistry Research，1997，36（6）：1979-1988.

[6]　Yazawa Y，Kagi N，Komai S I，et al. Kinetic study of support effect in the propane combustion over platinum catalyst. Catalysis Letters，2001，72（3/4）：157-160.

[7]　Takahashi N，Shinjoh H，Iijima T，et al. The new concept 3-way catalyst for automotive lean-burn engine：$NO_x$ storage and reduction catalyst. Catalysis Today，1996，27（1/2）：63-69.

[8]　Hauff K，Dubbe H，Tuttlies U，et al. Platinum oxide formation and reduction during NO oxidation on a diesel oxidation catalyst—Macrokinetic simulation. Applied Catalysis B：Environmental，2013，129：273-281.

[9]　Muhammad M A，Xavier A，Louise O，et al. Evaluation of $H_2$ effect on NO oxidation over a diesel oxidation

catalyst. Applied Catalysis B：Environmental，2015，179：542-550.

[10] Masaaki H，Kunio S，Motoi S，et al. Catalytic performance of bimetallic PtPd/Al$_2$O$_3$ for diesel hydrocarbon oxidation and its implementation by acidic additives. Applied Catalysis A：General，2014，475：109-115.

[11] Mulla S S，Chen N，Delgass W N，et al. NO$_2$ inhibits the catalytic reaction of NO and O$_2$ over Pt. Catalysis Letters，2005，100（3/4）：267-270.

[12] Schmitz P，Kudla R，Drews A，et al. NO oxidation over supported Pt：Impact of precursor，support，loading，and processing conditions evaluated via high throughput experimentation. Applied Catalysis B：Environmental，2006，67（3/4）：246-256.

[13] Xue E，Seshan K，Ross J R H. Roles of supports，Pt loading and Pt dispersion in the oxidation of NO to NO$_2$ and of SO$_2$ to SO$_3$. Applied Catalysis B：Environmental，1996，11（1）：65-79.

[14] Olsson L，Fridell E. The influence of Pt oxide formation and Pt dispersion on the reactions NO$_2$-NO + 1/2O$_2$ over Pt/Al$_2$O$_3$ and Pt/BaO/Al$_2$O$_3$. Journal of Catalysis，2002，210（2）：340-353.

[15] Russell A，Epling W S. Diesel oxidation catalysts. Catalysis Review，2011，53：337-423.

[16] Yao Y Y F，Kummer J T. A study of high temperature treated supported metal oxide catalysts. Journal of Catalysis，1977，46（3）：388-401.

[17] Twigg M V. Roles of catalytic oxidation in control of vehicle exhaust emissions. Catalysis Today，2006，117（4）：407-418.

[18] Kaneeda M，Iizuka H，Hiratsuka T，et al. Improvement of thermal stability of NO oxidation Pt/Al$_2$O$_3$ catalyst by addition of Pd. Applied Catalysis B：Environmental，2009，90（3/4）：564-569.

[19] Fujdala K L，Truex T J，Nicholas J B，et al. Rational design of oxidation catalysts for diesel emission control. SAE Technical Paper，2008，2008-01-0070.

[20] Morlang A，Neuhausen U，Klementiev K，et al. Bimetallic Pt/Pd diesel oxidation catalysts：Structural characterisation and catalytic behaviour. Applied Catalysis B：Environmental，2005，60（3/4）：191-199.

[21] Beutel T W，Dettling J C，Hollobaugh D O，et al. Pt-Pd diesel oxidation catalyst with CO/HC light-off and HC storage function：USA，US 7875573. 2011-01-25.

[22] Kim Y S，Lim S J，Kim Y H，et al. The role of doped Fe on the activity of alumina-supported Pt and Pd diesel exhaust catalyst. Research on Chemical Intermediates，2012，38：947-955.

[23] Paulus U，Wokaun A，Scherer G，et al. Oxygen reduction on high surface area Pt-based alloy catalysts in comparison to well defined smooth bulk alloy electrodes. Electrochimica Acta，2002，47（22/23）：3787-3798.

[24] Barberon F，Korb J P，Petit D，et al. Probing the surface area of a cement-based material by nuclear magnetic relaxation dispersion. Physical Review Letters，2003，90（11）：116103.

[25] Shastri A G，Datye A，Schwank J. Gold-titania interactions：Temperature dependence of surface area and crystallinity of TiO$_2$ and gold dispersion. Journal of Catalysis，1984，87（1）：265-275.

[26] Litovsky E，Shapiro M，Shavit A. Gas pressure and temperature dependences of thermal conductivity of porous ceramic materials：Part2，refractories and ceramics with porosity exceeding 30%. Journal of the American Chemical Society，1996，79（5）：1366-1376.

[27] Ziegler G，Hasselman D P H. Effect of phase composition and microstructure on the thermal diffusivity of silicon nitride. Journal of Materials Science，1981，16：495-503.

[28] Kašpar J，Fornasiero P，Grazinai M. Use of CeO$_2$-based oxides in the three-way catalysis. Catalysis Today，1999，50（2）：285-298.

[29] Dmowski W，Mamontov E，Egami T，et al. Energy-dispersive surface X-ray scattering study of thin ceria overlayer

on zirconia: Structural evolution with temperature. Physica B: Condensed Matter, 1998, 248: 95-100.

[30]  Vlaic G, Fornasiero P, Geremia S, et al. Relationship between the zirconia-promoted reduction in the Rh-loaded Ce$_{0.5}$Zr$_{0.5}$O$_2$ mixed oxide and the Zr-O local structure. Journal of Catalysis, 1997, 168 (2): 386-392.

[31]  Twigg M V. Progress and future challenges in controlling automotive exhaust gas emissions. Applied Catalysis B: Environmental, 2007, 70 (1/4): 2-15.

[32]  Shelef M, McCabe R W. Twenty-five years after introduction of automotive catalysts: What next? Catalysis Today, 2000, 62 (1): 35-50.

[33]  Sun C W, Li H, Chen L Q. Nanostructured ceria-based materials: Synthesis, properties, and applications. Energy and Environmental Science, 2012, 5: 8475-8505.

[34]  Kašpar J, Fornasiero P, Balducci G, et al. Effect of ZrO$_2$ content on textural and structural properties of CeO$_2$-ZrO$_2$ solid solutions made by citrate complexation route. Inorganica Chimica Acta, 2003, 349: 217-226.

[35]  Kašpar J, Paolo F. Nanostructured materials for advanced automotive de-pollution catalysts. Journal of Solid State Chemistry, 2003, 171 (1/2): 19-29.

[36]  Monte R D, Kašpar J. Nanostructured CeO$_2$-ZrO$_2$ mixed oxides. Journal of Materials Chemistry, 2005, 15: 633-648.

[37]  Hirano M, Suda A. Oxygen storage capacity, specific surface area, and pore-size distribution of ceria-zirconia solid solutions directly formed by thermal hydrolysis. Journal of the American Ceramic Society, 2003, 86 (12): 2209-2211.

[38]  Dong F, Suda A, Tanabe T, et al. Dynamic oxygen mobility and a new insight into the role of Zr atoms in three-way catalysts of Pt/CeO$_2$-ZrO$_2$. Catalysis Today, 2004, 93-95: 827-832.

[39]  Wang S N, Wang J L, Hua W B, et al. Designed synthesis of Zr-based ceria-zirconia-neodymia composite with high thermal stability and its enhanced catalytic performance for Rh-only three-way catalyst. Catalysis Science and Technology, 2016, 6 (20): 7437-7448.

[40]  Zhou Y, Lan L, Gong M C, et al. Modification of the thermal stability of doped CeO$_2$-ZrO$_2$ mixed oxides with the addition of triethylamine and its application as a Pd-only three-way catalyst. Journal of Materials Science, 2016, 51 (9): 4283-4295.

[41]  Fan J, Weng D, Wu X D, et al. Modification of CeO$_2$-ZrO$_2$ mixed oxides by coprecipitated/impregnated Sr: Effect on the microstructure and oxygen storage capacity. Journal of Catalysis, 2008, 258 (1): 177-186.

[42]  Shen M Q, Wang J Q, Shang J C, et al. Modification ceria-zirconia mixed oxides by doping Sr using the reversed microemulsion for improved Pd-only three-way catalytic performance. Journal of the Physical Chemistry C, 2009, 113 (4): 1543-1551.

[43]  Fernández-García M, Martínez-Arias A, Guerrero-Ruiz A, et al. Ce-Zr-Ca ternary mixed oxides: Structural characteristics and oxygen handling properties. Journal of Catalysis, 2002, 211 (2): 326-334.

[44]  McGuire N E, Kondamudi N, Petkovic L M, et al. Effect of lanthanide promoters on zirconia-based isosynthesis catalysts prepared by surfactant-assisted coprecipitation. Applied Catalysis A: General, 2012, 429-430: 59-66.

[45]  Wang Q Y, Zhao B, Li G F, et al. Application of rare earth modified Zr-based ceria-zirconia solid solution in three-way catalyst for automotive emission control. Environmental Science and Technology, 2010, 44 (10): 3870-3875.

[46]  Yue B H, Zhou R X, Wang Y J, et al. Effect of rare earths (La, Pr, Nd, Sm and Y) on the methane combustion over Pd/Ce-Zr/Al$_2$O$_3$ catalysts. Applied Catalysis A: General, 2005, 295 (1): 31-39.

[47]  Zhao B, Wang Q Y, Li G F, et al. Effect of rare earth (La, Nd, Pr, Sm and Y) on the performance of

Pd/Ce$_{0.67}$Zr$_{0.33}$MO$_{2-\delta}$ three-way catalysts. Journal of Environmental Chemical Engineering, 2013, 1: 534-543.

[48] Vidmar P, Fornasiero P, Kašpar J, et al. Effects of trivalent dopants on the redox properties of Ce$_{0.6}$Zr$_{0.4}$O$_2$ mixed oxide. Journal of Catalysis, 1997, 171 (1): 160-168.

[49] Gupta A, Waghmare U V, Hegde M S. Correlation of oxygen storage capacity and structural distortion in transition-metal-, noble-metal-, and rare-earth-ion-substituted CeO$_2$ from first principles calculation. Chemistry of Materials, 2010, 22 (18): 5184-5198.

[50] Li G F, Wang Q Y, Zhao B, et al. The promotional effect of transition metals on the catalytic behavior of model Pd/Ce$_{0.67}$Zr$_{0.33}$O$_2$ three-way catalyst. Catalysis Today, 2010, 158 (3/4): 385-392.

[51] Li G F, Wang Q Y, Zhao B, et al. Promoting effect of synthesis method on the property of nickel oxide doped CeO$_2$-ZrO$_2$ and the catalytic behaviour of Pd-only three-way catalyst. Applied Catalysis B: Environmental, 2011, 105 (1/2): 151-162.

[52] Li G G, Wang Q Y, Zhao B, et al. A new insight into the role of transition metals doping with CeO$_2$-ZrO$_2$ and its application in Pd-only three-way catalysts for automotive emission control. Fuel, 2012, 92 (1): 360-368.

[53] Inaba H, Tagawa H. Ceria-based solid electrolytes. Solid State Ionics, 1996, 83 (1/2): 1-16.

[54] Wang Q Y, Li G F, Zhao B, et al. The effect of Nd on the properties of ceria-zirconia solid solution and the catalytic performance of its supported Pd-only three-way catalyst for gasoline engine exhaust reduction. Journal of Hazardous Materials, 2011, 189: 150-157.

[55] Eufinger J P, Daniels M, Schmale K, et al. The model case of an oxygen storage catalyst-non-stoichiometry, point defects and electrical conductivity of single crystalline CeO$_2$-ZrO$_2$-Y$_2$O$_3$ solid solutions. Physical Chemistry Chemical Physics, 2014, 16: 25583-25600.

[56] Yang X, Yang L, Lin J, et al. The new insight into the structure-activity relation of Pd/CeO$_2$-ZrO$_2$-Nd$_2$O$_3$ catalysts by Raman, in situ DRIFTS and XRD Rietveld analysis. Physical Chemistry Chemical Physics, 2016, 18: 3103-3111.

[57] Ifrah S, Rohart E, Hernandez J, et al. Composition containing oxides of zirconium, cerium and another rare earth having reduced maximum reducibility temperature, a process for prepartion and use thereof in the field of catalysis: USA, US 8524183. 2013-09-03.

[58] Ifrah S, Rohart E, Hernandez J, et al. Composition based on oxides of cerium, of zirconium and of another rare earth metal with high reducibility, preparation process and use in the field of catalysis: USA, US 10369547. 2019-08-06.

[59] 陈孝伟, 黄贻展, 王忠, 等. 铈锆基储氧材料的制备工艺: 中国, CN201310055861.5. 2014-08-27.

[60] 黄贻展, 尹鹏, 王忠, 等. 错掺杂铈锆载体催化剂及其制备方法: 中国, CN201410395523.0. 2016-06-22.

[61] Shigapov A N, Graham G W, McCabe R W, et al. The preparation of high-surface area, thermally-stable, metal-oxide catalysts and supports by a cellulose templating approach. Applied Catalysis A: General, 2001, 210: 287-300.

[62] Bumajdad A, Zaki M I, Eastoe J, et al. Microemulsion-based synthesis of CeO$_2$ powders with high surface area and high-temperature stabilities. Langmuir, 2004, 20 (25): 11223-11233.

[63] Fuentes R O, Baker R T. Synthesis of nanocrystalline CeO$_2$-ZrO$_2$ solid solutions by a citrate complexation route: A thermochemical and structural study. The Journal of Physical Chemistry C, 2009, 113 (3): 914-924.

[64] Huang W Z, Yang J L, Wang C J, et al. Effects of Zr/Ce molar ratio and water content on thermal stability and structure of ZrO$_2$-CeO$_2$ mixed oxides prepared via sol-gel process. Materials Research Bulletin, 2012, 47 (9): 2349-2356.

[65] Weng X，Perston B，Wang X Z，et al. Synthesis and characterization of doped nano-sized ceria-zirconia solid solutions. Applied Catalysis B：Environmental，2009，90（3/4）：405-415.

[66] Si R，Zhang Y W，Li S J，et al. Urea-based hydrothermally derived homogeneous nanostructured $Ce_{1-x}Zr_xO_2$ ($x = 0\sim0.8$) solid solutions：A strong correlation between oxygen storage capacity and lattice strain. The Journal of Physical Chemistry B，2004，108（33）：12481-12488.

[67] Nakatani T，Okamoto H，Ota R. Preparation of $CeO_2$-$ZrO_2$ mixed oxide powders by the coprecipitation method for the purification catalysts of automotive emission. Journal of Sol-Gel Science and Technology，2003，26（1/3）：859-863.

[68] Alifanti M，Baps B，Blangenois N，et al. Characterization of $CeO_2$-$ZrO_2$ mixed oxides. Comparison of the citrate and sol-gel preparation methods. Chemistry of Materials，2003，15（2）：395-403.

[69] Kim M，Laine R M. One-step synthesis of core-shell$(Ce_{0.7}Zr_{0.3}O_2)_x(Al_2O_3)_{1-x}[(Ce_{0.7}Zr_{0.3}O_2)@Al_2O_3]$ nanopowders via liquid-feed flame spray pyrolysis(LF-FSP). Journal of the American Chemistry Society，2009，131（26）：9220-9229.

[70] Kozlov A I，Kim D H，Yezerets A，et al. Effect of preparation method and redox treatment on the reducibility and structure of supported ceria-zirconia mixed oxide. Journal of Catalysis，2002，209（2）：417-426.

[71] Liu J，Liu B，Fang Y，et al. Preparation，characterization and origin of highly active and thermally stable $Pd$-$Ce_{0.8}Zr_{0.2}O_2$ catalysts via sol-evaporation induced self-assembly method. Environmental Science and Technology，2014，48（20）：12403-12410.

[72] Wang Q Y，Li G F，Zhao B，et al. The effect of La doping on the structure of $Ce_{0.2}Zr_{0.8}O_2$ and the catalytic performance of its supported Pd-only three-way catalyst. Applied Catalysis B：Environmental，2010，101（1/2）：150-159.

[73] Cui Y J，Lan L，Shi Z H，et al. Effect of surface tension on the properties of a doped $CeO_2$-$ZrO_2$ composite and its application in a Pd-only three-way catalyst. RSC Advances，2016，6：66524-66536.

[74] Nortier P，Fourre P，Saad A B M，et al. Effects of crystallinity and morphology on the surface properties of alumina. Applied Catalysis，1990，61（1）：141-160.

[75] Paglia G，Buckley C E，Rohl A L，et al. Boehmite derived γ-alumina system. 1. Structural evolution with temperature，with the identification and structural determination of a new transition phase，γ-alumina. Chemistry of Materials，2004，16（2）：220-236.

[76] Paglia G，Buckley C E，Udovic T J，et al. Boehmite-derived γ-alumina system. 2. Consideration of hydrogen and surface effects. Chemistry of Materials，2004，16（10）：1914-1923.

[77] Suh D J，Park T J，Kim J H，et al. Fast sol-gel synthetic route to high-surface-area alumina aerogels. Chemistry of Materials，1997，9（9）：1903-1905.

[78] Tanaka K，Imai T，Murakami Y，et al. Microporous structure of alumina prepared by a salt catalytic sol-gel process. Chemical Letter，2002，31（1）：110-111.

[79] Zwinkels M F M，Jaras S G，Menon P G，et al. Catalytic materials for high-temperature combustion. Catalysis Review，1993，35（3）：318-358.

[80] Arai H，Machida M. Thermal stabilization of catalyst supports and their application to high-temperature catalytic combustion. Applied Catalysis A：General，1996，138（2）：161-176.

[81] Ahlstrom-Silversand A F，Ingemar-Odenbrand C U. Combustion of methane over a $Pd$-$Al_2O_3/SiO_2$ catalyst，catalyst activity and stability. Applied Catalysis，1997，153（1/2）：157-175.

[82] Bettman M，Chase B E，Otto K，et al. Dispersion studies on the system $La_2O_3$/γ-$Al_2O_3$. Journal of Catalysis，1989，117（2）：447-454.

[83]　Church J S，Cant N W，Trimm D L. Stabilisation of aluminas by rare earth and alkaline earth ions. Applied Catalysis A：General，1994，101（1）：105-116.

[84]　Yang Z，Chen X，Niu G，et al. Comparison of effect of La-modification on the thermostabilities of alumina and alumina-supported Pd catalysts prepared from different alumina sources. Applied Catalysis B：Environmental，2001，29（3）：185-194.

[85]　Ersoy B，Gunay V. Effects of $La_2O_3$ addition on the thermal stability of $\gamma$-$Al_2O_3$ gels. Ceramics International，2004，30（2）：163-170.

[86]　McCabe R W，Usmen R K，Ober K，et al. The effect of alumina phase-structure on the dispersion of rhodium/alumina catalysts. Journal of Catalysis，1995，151（2）：385-393.

[87]　Ozawa M，Nishio Y. Thermal stabilization of $\gamma$-alumina with modification of lanthanum through homogeneous precipitation. Journal of Alloys and Compounds，2004，374（1-2）：397-400.

[88]　龚茂初，文梅，高士杰，等. 耐高温高表面积氧化铝的制备及性质Ⅱ.La 的添加对硫酸铝铵法制高表面 $Al_2O_3$ 的影响. 催化学报，2000，21（5）：404-406.

[89]　Wang X H，Lu G Z，Guo Y，et al. Preparation of high thermal-stabile alumina by reverse microemulsion method. Materials Chemistry and Physics，2005，90（2/3）：225-229.

[90]　Das R N，Hattori A，Okada K. Influence of processing medium on retention of specific surface area of gamma-alumina at elevated temperature. Applied Catalysis A：General，2001，207（1/2）：95-102.

[91]　Kamal M S K. Synthesis and characterization of mesoporous ceria/alumina nanocomposite materials via mixing of the corresponding ceria and alumina gel precursors. Journal of Colloid and Interface Science，2007，307（1）：172-180.

[92]　Luo J Y，Kisinger D，Abedi A，et al. Sulfur release from a model $Pt/Al_2O_3$ diesel oxidation catalyst：Temperature-programmed and step-response techniques characterization. Applied Catalysis A：General，2010，383（1/2）：182-191.

[93]　Li J，Kumar A，Chen X，et al. Impact of different forms of sulfur poisoning on diesel oxidation catalyst performance. SAE Technical Paper，2013，2013-01-0514.

[94]　Leyrer J，Lox E，Engler B，et al. Oxidative diesel control catalyst：USA，US 5371056. 1994-12-06.

[95]　Yang J，Mei S，Ferreira J M. Hydrothermal synthesis of nanosized titania powders：Influence of peptization and peptizing agents on the crystalline phases and phase transitions. Journal of the American Ceramic Society，2000，83（6）：1361-1368.

[96]　Porter J F，Li Y G，Chan C K. The effect of calcination on the microstructural characteristics and photoreactivity of Degussa P-25 $TiO_2$. Journal of Materials Science，1999，34：1523-1531.

[97]　Kanno Y，Hihara T，Watanabe T，et al. Low sulfate generation diesel oxidation catalyst. SAE Technical Paper，2004，2004-01-1427.

[98]　Elangovan S P，Ogura M，Davis M E，et al. SSZ-33：A promising material for use as a hydrocarbon trap. The Journal of Chemical Physics，2004，108（35）：117-132.

[99]　Kanazawa T. Development of hydrocarbon adsorbents，oxygen storage materials for three-way catalysts and $NO_x$ storage-reduction catalyst. Catalysis Today，2004，96（3）：171-177.

[100]　Madhusoodana C D，Das R N，Kameshima Y，et al. Characterization and adsorption behavior of ZSM-5 zeolite film on cordierite honeycombs prepared by a novel *in situ* crystallization method. Journal of Porous Materials，2001，8：265-271.

[101]　Li L D，Xue B，Chen J X，et al. Direct synthesis of zeolite coatings on cordierite supports by *in situ* hydrothermal

method. Applied Catalysis A：General，2005，292（18）：312-321.

[102] Li L D，Chen J X，Zhang S J，et al. Selective catalytic reduction of nitrogen oxides from exhaust of lean burn engine over *in situ* synthesized monolithic Cu-TS-1/cordierite. Catalysis Today，2004，90（3/4）：207-213.

[103] Okada K，Kameshima Y，Madhusoodana C D，et al. Preparation of zeolite-coated cordierite honeycombs prepared by an *in situ* crystallization method. Science and Technology of Advanced Materials，2004，5（4）：479-484.

[104] 许越. 催化剂设计与制备工艺. 北京：化学工业出版社，2003.

[105] Johnson T. Vehicular emissions in review. SAE Technical Paper，2014，2014-01-1491.

[106] Kamijo M，Kamikubo M，Akama H，et al. Study of an oxidation catalyst system for diesel emission control utilizing HC adsorption. JSAE Review，2001，22（3）：277-280.

[107] Verdier S，Rohart E，Larcher O，et al. Innovative materials for diesel oxidation catalysts，with high durability and early light-off. SAE Technical Paper，2005，2005-01-0476.

[108] Auvray X，Pingel T，Olsson E，et al. The effect gas composition during thermal aging on the dispersion and NO oxidation activity over Pt/Al$_2$O$_3$ catalysts. Applied Catalysis B：Environmental，2013，129（17）：517-527.

[109] Auvray X P，Olsson L. Effect of enhanced support acidity on the sulfate storage and the activity of Pt/gamma-Al$_2$O$_3$ for NO oxidation and propylene oxidation. Catalysis Letters，2014，144：22-31.

[110] Kazi M S，Deeba M，Neubauer T，et al. Layered diesel oxidation catalyst composites：USA，US 8329607. 2012-12-11.

[111] Müller-Stach T W，Neubauer T，Punke A H，et al. Diesel oxidation catalyst with layer structure for improved hydrocarbon conversion：USA，US 8252258. 2012-08-28.

[112] Grubert G，Neubauer T，Punke A H，et al. Diesel oxidation catalyst composite with layer structure for carbon monoxide and hydrocarbon conversion：USA，US 8211392. 2012-07-03.

[113] Zhang K S，Hu J N，Gao S Z，et al. Sulfur content of gasoline and diesel fuels in northern China. Energy Policy，2010，38（6）：2934-2940.

[114] China：Fuels .http://www.dieselnet.com/standards/cn/fuel.php. 2015.

[115] Dupin T. Catalystic desulfurization of industrial waste gases：USA，US 4532119. 1985-07-30.

[116] Aono T，Asami Y，Hirooka N，et al. Fluid catalyst for use in gas phase oxidation of aromatic hydrocarbons：USA，US 5185309. 1993-02-09.

[117] Johnson T V. Vehicular emissions in review. SAE Technical Paper，2013，2013-01-0538.

[118] Johnson T V. Vehicular emissions in review. SAE Technical Paper，2012，2012-01-0368.

[119] Johnson T V. Review of diesel emissions and control. SAE Technical Paper，2010，2010-01-0301.

# 第3章 柴油车颗粒捕集器

柴油车尾气所排放的大量污染物中，颗粒物和氮氧化物是最主要的污染物。大量颗粒物的排放将导致严重的环境污染和危害人类健康，因此，必须采取措施减少或消除颗粒物的排放。为了满足逐步严格的排放标准的要求，毫无疑问，颗粒物捕集技术仍然是目前处理颗粒物最为有效的技术，现已被广泛应用。

## 3.1 颗粒捕集器过滤机理

颗粒捕集器是安装于柴油车排气管上的一个过滤装置，借助惯性碰撞、扩散、重力沉降、截留等机理将颗粒物从气流中分离出来，捕集尾气中的颗粒物，使其不能排放出去而达到净化的目的。图 3-1 是碳烟颗粒物被过滤的四种机理示意图[1]。四种机理分别为扩散机理、拦截机理、惯性机理和重力作用机理[1,2]。

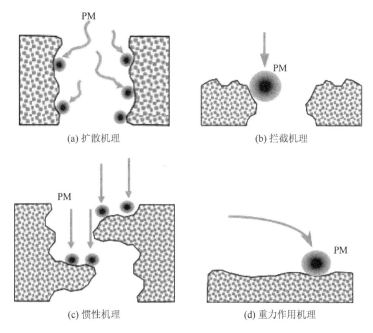

(a) 扩散机理          (b) 拦截机理

(c) 惯性机理          (d) 重力作用机理

图 3-1　碳烟颗粒在 DPF 内过滤机理示意图[1]

　　（1）扩散机理：柴油车排出的颗粒物由于气体分子热运动而做布朗运动，这种运动与颗粒大小有关，颗粒越小则运动越明显。由于布朗运动而引起扩散效应，当尾气流经捕集器时，捕集器对颗粒物的运动起到汇集作用，形成颗粒物浓度梯度，引起颗粒物的扩散运动，使颗粒物被捕集。

　　（2）拦截机理：柴油车排出的颗粒物流经捕集器时会出现两种情况：粒径大于过滤材料孔径的颗粒物会被截留下来；粒径小于过滤材料孔径的颗粒物由于互相黏着，聚合形成较大颗粒后被截留下来。

　　（3）惯性机理（碰撞机理）：柴油车排出的颗粒物流经捕集器时，由于捕集器的设计，尾气在捕集器中的流线发生拐弯，在拐弯处惯性较大的颗粒物脱离流线，和捕集器单元发生碰撞而沉积在捕集器上。

　　（4）重力作用机理：缓慢运动的柴油车排放的尾气经过颗粒捕集器时，因为尾气流速较慢，逗留时间较长，大颗粒就可能由于重力作用脱离原来的流线而沉积在捕集器上。

　　这些过滤机理使 DPF 具有较高的过滤效果，也是 DPF 得以广泛应用的主要原因之一。

## 3.2　颗粒捕集器的组成

　　颗粒捕集器的核心是过滤材料和再生技术[3]。

### 3.2.1　过滤材料

　　颗粒捕集器的过滤材料需由耐高温性能好且比表面积大的材料制成，需具有高的微粒过滤效率、大的过滤面积、低的排气阻力；热稳定性好及能承受较高的热负荷，具有较小的热膨胀系数，在外形尺寸相同的情况下，背压小，背压增长率低，适应再生能力强，质量轻；机械强度和抗振动性能高；抗高温氧化性、耐热冲击性与耐腐蚀性。

　　目前，具有应用价值的颗粒捕集器过滤材料有壁流式蜂窝陶瓷、泡沫陶瓷、金属丝网、陶瓷纤维等[4]。依据它们对颗粒物捕集机理的不同，前两种结构的捕集器称为表面型颗粒捕集器，后两种称为体积型颗粒捕集器。表面型颗粒捕集器中被捕集的颗粒物沉积在过滤材料的表面上，过滤效果受材料中空隙尺寸的影响较大，空隙尺寸影响捕集效率、排气背压、机械强度和热负荷，它是捕集器设计的一个重要参数。体积型颗粒捕集器中颗粒物聚集在过滤材料内部，颗粒物和纤维材料之间及颗粒物和颗粒物之间的凝聚力对捕集器效率的提高有重要影响，捕集器的滤芯由陶瓷或金属纤维制成，其制作方法是保证捕集性能的关键[5]。

　　壁流式蜂窝陶瓷是目前应用最广泛的颗粒捕集器过滤材料，材质主要为堇青石（$2MgO \cdot 2Al_2O_3 \cdot 5SiO_2$）和碳化硅（SiC），它的原理是捕集器孔道入口和出口交替封堵，捕集器设计要求有合适的空隙度，使尾气从入口通道进入后，经捕集器内部的多孔壁面穿过，流到相邻的孔道由捕集器出口端流出，颗粒物则被捕集到捕集器内部，从而达到净化目的。壁流式蜂窝陶瓷捕集器的工作原理如图 3-2 所示[6]，它的过滤效率可达 90% 以上，部分可溶性有机物也能被捕集[7, 8]，是去除柴油车排放颗粒物最有效的方法之一。

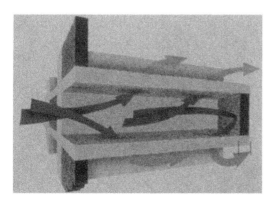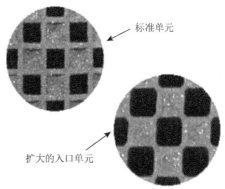

标准单元

扩大的入口单元

图 3-2　壁流式蜂窝陶瓷捕集器

　　堇青石因具有热膨胀系数低、造价低廉等优点而最早被开发，用作颗粒捕集器制作材料，是目前综合性能较好的滤芯，其壁内小孔的直径均在微米级，过滤效率可达 90% 以上，且耐高温、机械强度高。其主要缺点是耐腐蚀性较差，导热系数小，物理参数各向异性，径向膨胀系数是轴向膨胀系数的两倍，并且由于微粒都沉积在进气孔道内，再生时热量不易传出而容易导致捕集器烧熔或烧裂。碳化硅则具备更优异的耐热性、耐腐蚀性和导热性，机械强度也强于堇青石，可以承受更为恶劣的再生环境，并且碳化硅的空隙结构更加具备可调性，在制备时可以提升空隙率，孔径分布也可更均匀，这些优点可使捕集器内部的温度场分布更加均匀，可大大降低捕集器内部的温度，确保良好的、安全的再生性能[9]。其缺点为制备成本很高，热膨胀系数较大，容易在高温热冲击下开裂，而且在高温下碳化硅可能被活化氧化。

　　最近几年来壁流式蜂窝陶瓷的制造技术有了明显的突破，捕集器壁厚减薄，在不降低过滤效率的同时开口截面积增大，从而使压力损失减小。目前美国 Corning 公司和日本的 NGK 公司生产的都是该类捕集器，在今后很长的一段时间里，壁流式蜂窝陶瓷捕集器将仍然是最主流的捕集器。

### 3.2.2　过滤再生技术

颗粒捕集器是通过过滤收集尾气中的颗粒物,从而限制颗粒物的大量排放。但对于壁流式捕集器,当所收集的碳烟量达到一定的限度时,柴油车的排气背压会升高,尾气气流阻力增加,导致机动车耗油量增加,甚至无法正常运作。这时,需要对收集下来的碳烟颗粒进行氧化处理,使背压恢复到一个正常的值,这样的处理过程和方法就是颗粒捕集器的再生[10]。捕集器的再生已经成为一种技术而被许多研究者研究,如何才能在实际条件下较好地对捕集器进行再生,更有效地保证整个处理单元的使用寿命,这已是实用性再生技术的关键问题[11]。目前,关于颗粒捕集器的再生主要有主动再生和被动再生[3]。

#### 1. 主动再生

通过外加能量直接对过滤在 DPF 上的颗粒物进行燃烧的方式称为主动再生,这种再生方式需要消耗能源,是一种强制再生手段。在再生时会产生较高的温度,容易对 DPF 基体和催化剂造成较强的热冲击,从而影响处理器单元的正常效果。主动再生方式主要有逆向喷气再生、喷油助燃再生、电加热再生、微波加热再生、低温等离子体再生等[5, 12]。

1) 逆向喷气再生

逆向喷气再生是当排气背压达到一定限值时,将捕集器卸下,用逆向高压气流将沉积在捕集器上的颗粒物清除的方法。这种方法较为原始、落后,还受到时间和地点的限制,不容易被人们接受。

2) 喷油助燃再生

喷油助燃再生是使用一套专门的系统,适时地向捕集器上游空间喷入一定量燃油并且供给一定量的空气,再由点火系统将燃油点燃,使捕集器温度上升,颗粒物着火燃烧,实现捕集器的再生。这种再生系统较为复杂,造价也很高,还容易出现机械故障。

3) 电加热再生

电加热再生与喷油助燃再生类似,只是用电代替喷油燃烧热能来加热,但这种方式是在表面加热,极易造成捕集器的再生不均,或引起局部过热而导致炸裂、烧熔,同时由于陶瓷导热性较差,所以这种再生方式效率低,实际使用中受到限制。

4) 微波加热再生

微波加热再生是指利用微波所具有的体积加热和选择加热的特性,把沉积在捕集器上的对微波具有极强吸收能力的颗粒物和捕集器本身进行加热，使颗粒物迅速燃烧。但是，以往使用的微波再生系统由于没有与催化剂配合使用，因此在再生过程中常出现捕集器局部烧熔而表面还会有一层没有再生的情况。

5）低温等离子体再生

低温等离子体再生需安装等离子体反应器，利用高能电子、激发态粒子、氧原子及强氧化性的自由基等引发柴油车排放出的尾气发生复杂化学反应，使 NO 氧化为 $NO_2$，$NO_2$ 进一步氧化燃烧捕集到的碳烟颗粒物。这项技术的优点是可以同时减少尾气中的 HC、$NO_x$、CO、PM，对燃油品质没有过高要求，工作温度范围宽（150～500℃），因而应用前景较好。但该技术也有明显缺点：生成低温等离子体时温度可达上千摄氏度，影响捕集器使用寿命，且需脉冲高压电源，装置也较为复杂，能耗大，会产生二次污染。该技术是柴油车尾气后处理的一个新方向，但离实际应用还有一段距离。

上述主动再生方法各有优劣，但都有共同的缺点：属于外部强制加热方式，需要消耗能量而使燃油经济性降低；并且都需配备一套复杂的控制系统，增加了应用成本，因此它们的使用并不广泛。这些再生方式不仅需要消耗能源，而且控制系统复杂，并不利于实际的应用。

2. 被动再生

考虑到实际的应用成本，研究者提高了捕集器的再生技术，发明了被动再生技术，也就是利用化学方法进行的催化再生技术。其实，实际的柴油车尾气温度在 400℃以下，有的甚至更低，而颗粒物自燃氧化的温度却在 550℃以上，尾气的实际条件难以实现颗粒物的氧化。然而，催化剂的应用大大降低了颗粒物氧化所需要的温度，能够在实际条件下不需要任何外加能源实现捕集器的再生。这种再生方式既节约了能源，又避免了处理单元的高温热影响，是目前再生技术发展的新趋势。这样的再生方式目前有燃油添加剂再生、连续再生（CRT 技术）和催化再生（CDPF 技术）等，而且已经运用于市场[13, 14]。

1）燃油添加剂再生

燃油添加剂再生指在燃油中直接周期性地喷加可溶性的金属或金属盐，生成的金属氧化物可以促进颗粒物的燃烧。常用的燃油添加剂有贵金属、过渡金属化合物和稀土金属化合物。该技术可以让颗粒物的沉积速率与氧化速率趋于一致，使捕集器背压在一个较低的状态下恒定，从而使柴油车能保持良好的运行状态。但这项技术的缺点如下：部分添加剂燃烧后所生成的金属氧化物会在捕集器中沉积，可能造成捕集器孔道堵塞，影响捕集器的使用寿命，使柴油车性能降低[15, 16]；部分金属氧化物会排入大气，导致二次污染；需定时补充添加剂，安装添加剂储槽等，成本较高。种种缺点使颗粒捕集器系统不再使用燃油添加剂，而是把催化剂负载在捕集器上。

2）连续再生

连续再生（continuously regenerating trap，CRT）指在捕集器的上游部分安装一个柴油车氧化催化净化器（DOC），使 NO 氧化为 $NO_2$，$NO_2$ 氧化性很强，可以在较低温度（250℃左右）将颗粒物氧化。但是如果排气温度高于 400℃，由于热力学平衡，难以产生 $NO_2$，就会使再生效率下降，另外因为 DOC 容易发生硫中毒，CRT 对燃油的含硫量要求比较高（<50ppm）[17, 18]。此技术的缺点在于 DOC 产生的 $NO_2$ 的量只能部分氧化颗粒物，在排放标准限值低时具有一定价值，但仍会不时造成 DPF 的堵塞。目前，此技术是作为催化再生的一部分发挥作用。

3）催化再生

催化再生（catalyzed regenerating trap，CRT）是在壁流式捕集器上涂覆催化剂，通过催化剂降低颗粒物反应所需活化能，从而降低再生的温度，利用柴油车排气本身的能量将捕集到的颗粒物通过催化燃烧的方式去除，不需要额外能源的添加，在单一的 CDPF 上就可实现颗粒物的去除。运用高活性、高稳定性和耐久性的催化剂来降低颗粒物的燃烧温度是催化再生的关键所在。这是控制柴油车颗粒物排放最有效、最直接、最接近商品化的柴油车后处理技术[13, 15]。被动再生所需温度低，时间短，且可以进行连续再生，燃油经济性也较好，具备良好的适用性，是一种极具潜力的颗粒物再生方式[19, 20]。

在实际应用过程中，主要的过滤再生技术包括单独的 DPF 技术、CDPF（catalyzed DPF）技术、"DOC + DPF"和"DOC + CDPF"联合再生技术等[21]。如图 3-3 所示，对于单独的 DPF 技术，需要采用主动再生方式来氧化颗粒物，这样会消耗较多能源，成本较高；在 DPF 上涂覆贵金属 Pt 催化剂（CDPF），利用催化再生的方式来氧化颗粒物，可以降低颗粒物氧化所需要的温度，从而降低了主动再生的温度和频率。后来研究者发现 DOC 和 DPF 联用会对颗粒物的氧化有利，因为 DOC 可以产生更多的比氧气具有更强氧化能力的 $NO_2$，而且 DOC 上的 HC 和 CO 的氧化会产生大量的热量，可供给 DPF 用于氧化颗粒物。在应用上，人们将 DOC 和 DPF 或 CDPF 放在一个处理罐里配套使用，这样更能增强 DPF 的再生效果。

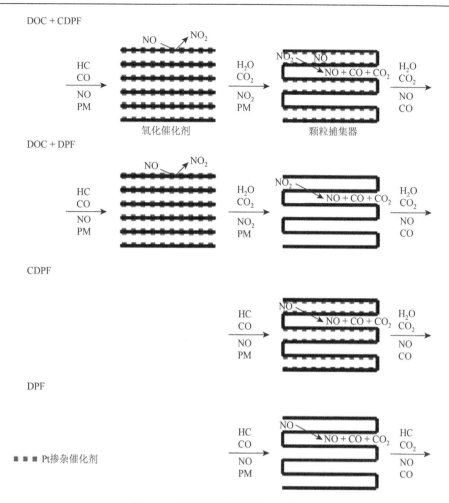

图 3-3　颗粒捕集器系统和再生技术

# 3.3　CDPF 催化剂的发展现状

　　颗粒捕集器被动再生技术最关键的就是催化剂，催化剂能降低颗粒物氧化所需要的温度，使 DPF 再生在实际尾气温度条件下就能进行。但颗粒物催化氧化所需温度的高低直接与催化剂的性能有关，如催化剂的结构和织构性能、氧化还原性能、储氧能力、活性组分的分散度、耐热性能等。在 DPF 再生技术的发展过程中，许多用于颗粒物氧化的催化剂得到了广泛的研究与应用，这些催化剂的种类大致可分为贵金属催化剂、铈基复合氧化物催化剂、碱金属或碱土金属催化剂、非化学计量比氧化物催化剂，包括钙钛矿结构（ABO$_3$）、锰钡矿结构、烧绿石结构和三维有序大孔（3DOM）复合氧化物催化剂等。

### 3.3.1 贵金属催化剂

贵金属催化剂是 CDPF 被动再生最常用的催化剂之一[22, 23]，一直以来被许多研究者广泛研究。贵金属催化剂一般包括两个主要的部分，一个是活性组分，一个是载体氧化物。活性组分主要是铂（Pt）、钯（Pd）、铑（Rh）、金（Au）等贵金属，载体氧化物主要有 $CeO_2$、$CeO_2$-$ZrO_2$、$SiO_2$、$TiO_2$、$Al_2O_3$ 等多孔耐高温材料。前面已经提及，DOC 的作用之一就是使尾气中的 NO 氧化为 $NO_2$，利用 $NO_2$ 来在较低温度下再生 DPF，如 CRT 技术[24]。用于 DPF 上颗粒物氧化的贵金属催化剂和 DOC 催化剂类似，它的作用是进一步氧化 NO 为 $NO_2$，提高 $NO_2$ 浓度。当 $NO_2$ 被碳烟颗粒物还原成 NO 后，贵金属催化剂还可以再次氧化 NO 为 $NO_2$，并继续参与反应，提高了再生效率[24, 25]。

在所有的贵金属中，Pt 催化剂表现出优异的催化性能，它能高效率转化 NO 为 $NO_2$，因此，Pt 基催化剂备受关注，现在已经成熟运用于尾气后处理系统中。当然，Pt 基催化剂的优异性能不仅与活泼的 Pt 原子有关，还与 Pt 的分散度、粒径大小和化学状态等有关[25-28]。Pt 作为活性组分，它的性能高低也密切关系到载体的性质，如载体的比表面积、热稳定性及与 Pt 原子的相互作用[26, 27, 29]。当载体金属氧化物在高温下烧结时，比表面积减小，Pt 的分散度下降，同时 Pt 也会发生团聚、颗粒长大等现象，这时催化剂就容易失去活性[29]。另外，尾气的气氛组成也会影响 Pt 催化剂的活性。例如，当尾气中含有 $SO_2$ 时，$SO_2$ 易吸附在 Pt 原子上发生催化氧化反应生成 $SO_3$，$SO_3$ 与尾气中的水反应生成硫酸，硫酸与某些金属灰分反应生成硫酸盐，这些硫酸或硫酸盐覆盖在 Pt 原子表面，导致了 Pt 催化剂失活[23, 29]。因此，Pt 催化剂一般用于低含量硫或不含硫的尾气系统中。通常情况下，Pt 催化剂的热稳定性和抗硫性等都是应用中需要考虑的主要因素，研究者也做了大量的研究对 Pt 催化剂进行优化。对贵金属催化剂的优化分为两部分，一个是活性组分优化，一个是载体组分优化。活性组分的优化是为了防止硫中毒、热烧结及提高 Pt 分散度等，载体组分优化是为了改善结构织构性能、提高热稳定性、改善 Pt 与载体的相互作用等。例如，研究者在 Pt 催化剂中加入一定量的 Rh，结果发现 Rh 的加入降低了 $SO_3$ 在 Pt 上的生成，提高了催化剂的抗硫性能[30]。有研究者将镧（La）、钇（Y）、铈（Ce）等元素掺杂到催化剂的活性组分或载体中，大大提高了 Pt 的分散度及催化剂的热稳定性[31-35]。

Oi-Uchisawa 等[26]较全面地研究了不同载体对负载型 Pt 催化剂的碳烟颗粒氧化性能的影响，这些载体主要包括 $TiO_2$、$ZrO_2$、$SiO_2$、$Al_2O_3$ 及它们两两组合的复合氧化物。结果发现，以 $TiO_2$-$SiO_2$ 为载体的催化剂表现出最高的活性。随后，对 Pt/$TiO_2$-$SiO_2$ 催化剂用低浓度的 $SO_2$ 处理，结果发现它仍然表现出最好的活性，说明它具有较强的抗硫性能。该课题组也研究了不同反应气氛对于碳烟颗粒氧化活性的影响[24]，证实了 Pt 在 NO 氧化为 $NO_2$ 的反应中的明显作用，从而揭示了尾气中 NO 的存在大大提高了催化剂的活性。同时他们也研究了少量的 $SO_2$ 和 $H_2O$ 存在条件下的反应机理，认为它们的存在促进了气态 $CO_x$ 前驱体酸酐物种的分解。在另外的工作中[25]，研究者也发现了不同的 Pt 前驱体对于碳烟的氧化活性有明显的影响，他们发现用 $Pt(NH_3)_4(OH)_2$ 前驱体制备出的 Pt 催化剂表现了很好的活性，而用 $H_2PtCl_6·6H_2O$、$Pt(NH_3)_4Cl_2$ 和 $Pt(NH_3)_4(NO_3)_2$ 前驱体制备的催化剂都表现出较低的活性。在 Matsuoka 等的研究中[34]，研究者首先将 $Al_2O_3$ 载体材料涂覆到堇青石蜂窝基体上，然后用浸渍的方法将 Pt、K、Ca、Cu 负载到 $Al_2O_3$ 上，之后在模拟实际的尾气条件下测试了催化剂的碳烟颗粒氧化活性，Pt 催化剂表现了最好的结果。并且他们发现，在较高氧气浓度下，NO 在 Pt 催化剂上能被还原成 $N_2$，并提出了 C（碳烟）-NO 反应机理。Jeguirim 等[35]研究了商用 $Pt/Al_2O_3$ 催化剂对于碳烟与 $NO_2$ 和 $O_2$ 反应的影响，他们发现 Pt 催化剂的存在对于 $C-NO_2$ 和 $C-O_2$ 反应没有明显影响，当 $NO_2-O_2$ 混合反应气存在时，Pt 催化剂表现出一定的催化活性。作者认为 $NO_2$ 被碳烟颗粒还原后的 NO 再次在 Pt 上被催化氧化成了 $NO_2$，而且他们也提出了 $C-NO_2-O_2$ 协同反应机理，Pt 的存在提高了这个协同反应的速率。

Wu 等[36,37]研究发现，贵金属 Pt 与硫酸盐之间的相互作用能够有效促进 $NO \rightleftharpoons NO_2 \rightleftharpoons$ 碳烟颗粒之间的循环，改善催化剂的催化燃烧性能。Liu 等[37]向 $Pt/Al_2O_3$ 催化剂上浸渍了少量的 $H_2SO_4$ 对其进行硫化，结果发现硫化的催化剂在 NO 存在下表现了较好的活性，这归因于硫酸盐与 Pt 之间的相互作用。笔者讨论了三点原因：一是硫酸盐的形成在一定程度上阻止了 Pt 在高浓度氧气下的氧化，这有利于 NO 在 Pt 上催化氧化为 $NO_2$；二是载体上的硫酸盐抑制了 $NO_x$ 在载体上的吸附，为 $NO_2$ 与碳烟的反应提供了更多的机会；三是硫酸盐物种可以促进表面氧化复合物（surface oxygenated complexes，SOCs）的分解。然而，贵金属催化剂的成本比较高，长时间暴露在含硫的尾气中还容易发生硫中毒现象，同时也增加了硫酸盐的排放。因此，许多研究者也在研究低含量贵金属或不含贵金属的催化剂。

## 3.3.2　铈基复合氧化物催化剂

$CeO_2$ 是具有较强储氧性能的稀土金属氧化物，其表面存在多种氧物种，可在气相氧 $\rightleftharpoons$ 吸附氧 $\rightleftharpoons$ 表面氧 $\rightleftharpoons$ 晶格氧 $\rightleftharpoons$ 活性氧之间相互转化，能够储存气流中的氧，然后释放出活性氧参与催化氧化反应，这个氧化反应所需的温度较低，反应较快，可以大大提高催化剂的碳烟氧化活性；$CeO_2$ 改性催化剂后可明显促进活性氧和表面氧空缺的生成及 $Ce^{4+} \rightarrow Ce^{3+}$ 高效转化，提高氧移动性，有助于碳烟颗粒氧化。由此可知，$CeO_2$ 储氧材料在碳烟颗粒氧化反应中最具应用价值。因此，许多研究者对 $CeO_2$ 等储氧材料做了大量研究。单一的 $CeO_2$ 具有热稳定性差、催化性能低、抗硫性能不足等缺点，为了满足实际需要，研究者对 $CeO_2$ 材料做了大量的改进实验。向 $CeO_2$ 掺杂过渡金属以提高催化剂的活性和热稳定性，相应的过渡金属有 Mn、Cu、Co、Fe、Y、Zr、La、Pr 等，也可以将 $Al_2O_3$ 掺杂到 $CeO_2$ 中以提高催化剂的结构稳定性和织构性能。这样就形成了许多铈基复合氧化物，这些复合氧化物比单一的 $CeO_2$ 具有更好的催化活性，更具有应用价值。而且，目前也有研究者在一些铈基复合氧化物上浸渍贵金属（Pt 或 Pd）以提高催化剂的活性，他们的研究结果也是非常有趣的，并且意义较大。

Reddy 等[38]及付名利等[39, 40]研究了过渡金属 Mn 改性 $CeO_2$ 对碳烟燃烧的影响，Mn 能够有效促进活性氧和表面氧空缺的生成及 $Ce^{4+} \longrightarrow Ce^{3+}$ 转化，可明显改善碳烟起燃温度。Liang 等[41]采用溶胶凝胶法将 Cu 和 Mn 以 10%摩尔分数的量掺杂到 $CeO_2$ 中，考察了催化剂活性的变化。实验结果表明，Mn 和 Cu 改性的催化剂都能表现出较好的催化活性，原因是 $Mn^{x+}$ 的加入形成了 $CeO_2$-$MnO_x$ 固溶体，$Mn^{x+}$ 与 $Ce^{x+}$ 的离子半径大小不同造成了更多的晶格缺陷，促进了晶格氧的移动性；Cu 物种在 $CeO_2$ 表面得到了较好的分散，促进了 Cu 物种和 Ce 物种之间的相互作用，增加了氧的移动性，从而提高了催化活性。

Atribak 等研究者对 $CeO_2$ 储氧材料做了大量的研究[42]，特别是 Ce-Zr 固溶体的研究。实验采用共沉淀法制备了不同 Ce/Zr 比例的 $CeZrO_2$ 固溶体催化剂，实验条件采用实际尾气的模拟条件，即碳烟颗粒和催化剂松散接触，反应气流有 $NO_x$ 组分。实验表明，Ce-Zr 储氧材料中的活性氧能将 NO 氧化为 $NO_2$，从而提高了催化剂的活性，而且产生的 $NO_2$ 浓度越大，对碳烟氧化更有利。$Ce_{0.76}Zr_{0.24}O_2$ 催化剂表现了最好的结果。在他们另外的研究中[43]，用同样的方法制备了 $CeO_2$ 和 $CeZrO_2$ 两种催化剂，并在 1000℃焙烧处理。表征证明，$CeO_2$ 的比表面积大大下降，只有 $2m^2/g$，而 $CeZrO_2$ 还保留了较大的比表面积，而且 $CeZrO_2$ 催化剂也表现了较好的氧化还原性能和结构性质。通过碳烟颗粒氧化活性的实验，也证实了具有较好热稳定性能的 $CeZrO_2$ 催化剂表现了良好的催化活性。在同样的条件下，他们也研究了 Y 添加至 $CeO_2$ 和 $CeZrO_2$ 中对催化剂催化活性的影响，实验证明 Y 改性的催化剂比未改性的催化剂表现出了更好的催化活性[44]。

Liu 等[45]将贵金属 Pt 浸渍到 $CeZrO_2$ 储氧材料上，得到了贵金属改性的铈基催化剂。分别在 NO + $O_2$ 和 $O_2$ 气氛下测定催化剂的碳烟氧化活性，结果表明，$Pt/CeZrO_2$ 比 $Pt/Al_2O_3$ 表现了更好的活性，在 NO 存在条件下的活性更好。实验也发现贵金属 Pt 与载体 $CeZrO_2$ 存在着相互作用，导致了更多活性氧的产生；在 $Pt/CeZrO_2$ 催化剂上发生了 NO 氧化成 $NO_2$ 的反应，并且效率高于 $Pt/Al_2O_3$。这更有利于碳烟的氧化，

Pt/CeZrO$_2$ 催化剂具有更大的实际应用价值。研究者也发现，MnO$_x$-CeO$_2$ 催化剂对碳烟氧化也有良好的效果，无论在 NO + O$_2$ 条件还是 O$_2$ 条件下，都会表现出较好的催化活性[46,47]。研究者证明，这类催化剂具有较强的储氧能力和良好的表面氧移动性能，而且能有效地氧化 NO 为 NO$_2$，还能在低温下以亚硝酸盐的形式储存 NO$_2$，在较高温度下释放 NO$_2$，使之参与碳烟的氧化。Wu 等[48]对这类催化剂也做了大量的研究，将 Al$_2$O$_3$ 加入复合氧化物中，大大提高了 Mn 物种的分散度，有利于 Ce 和 Mn 物种之间的相互作用，而且也明显提高了催化剂的热稳定性，从明显提高的热稳定性中也可以看出 Al 改性催化剂的显著优势。在他们另外的工作中[29]，将低含量的（0.5%）贵金属 Pt 浸渍到 MnCeAl 催化剂中，活性测试表明，Pt 的加入表现出良好的促进效果，而且与 Pt/Al$_2$O$_3$（Pt 含量为 1%）进行对比，在 NO 氧化活性上表现出同等的水平，在碳烟氧化活性上表现了较好的催化效果。

### 3.3.3　碱金属催化剂

碱金属催化剂高温下具有流动性，可改善催化剂与碳烟的接触状态，促进碳烟颗粒氧化，在松散接触时表现尤为显著；同时能够增加催化剂的表面氧，促进表面氧与碳烟的反应，是较好的碳烟催化燃烧催化剂。

Rao 等[49]制备了 M（M = Li、Na、K、Cs）改性的 SnO$_2$ 催化剂用于碳烟燃烧，与未改性的 SnO$_2$ 催化剂相比，改性的催化剂活性明显提高。Cs 改性催化剂的活性最好，并通过表征手段证明碱金属改变了催化剂表面的活性氧。Jiménez 等[50]用浸渍法制备了 MgO、KOH/MgO 和 KOH/SiO$_2$ 三种催化剂，KOH/MgO 催化剂活性最高，并发现碱金属 K 的作用可以归结为以下三点：①很大程度上增加了催化剂的表面氧，且加速了表面氧与碳烟的反应。②K 和 Mg 的相互作用削弱了 Mg—O 键，使表面氧的形成和移动更加容易。③使碳酸盐的分解更容易，使其数量和稳定性降低，比 MgO 的分解温度更低，从而形成更多的活性氧物种。此外，他们还发现在催化剂与碳烟紧密接触时 KOH/MgO 催化剂的活性增加，这是因为增加了催化剂和碳烟的接触位，但并没有改变催化剂的活性中心，说明催化剂上氧的解吸，或者催化剂表面上的吸附氧移动到碳烟表面上是限速步骤。Jiménez 等[51]用溶胶凝胶法制备了一系列 Li/CaO-MgO、Na/CaO-MgO、K/CaO-MgO 催化剂，对碳烟催化燃烧的顺序为 K/CaO-MgO(429℃)＞Na/CaO-MgO(459℃)＞Li/CaO-MgO(466℃)＞CaO-MgO(564℃)。研究发现，碱金属的加入增加了催化剂的活性是由于形成了表面氧物种，从而增加了催化剂的表面氧化性能。碱金属的存在也降低了在催化剂上形成的碳酸盐的数量和稳定性。包含 K 的催化剂表现出高的活性是因为它有高的氧吸附能力，其以 O⁻ 的形式存在（记为 α-oxygen），催化剂的表面和表面解吸的氧在催化性能中有很好的促进作用。

Hleis 等[52]用浸渍法制备了系列用碱金属改性 $ZrO_2$ 的催化剂，并且考察了 K 的不同加入量对催化性能的影响。结果表明，当 K/Zr（物质的量比）= 0.14（前驱体为 $KNO_3$）时活性较好；碱金属加入后的催化剂活性大小顺序为 $ZrO_2 < Li/ZrO_2 < Na/ZrO_2 < K/ZrO_2 < Rb/ZrO_2 < Cs/ZrO_2$；碱金属对四角形的单斜晶系有改善作用，较小尺寸的碱金属离子有利于稳定四方相 $ZrO_2$，那些半径大的碱金属更有利于四角形的单斜晶系的改善。Laversin 等[53]制备了系列 Cu-K/$ZrO_2$ 催化剂，对比了 K 和 Cu 的加入及不同浸渍量对催化性能的影响。结果表明，K 的加入使催化剂在松散接触条件下表现出高的活性，K 的存在使碳烟和催化剂的接触更加充分，并且增加了催化剂释放氧物种的能力；在 $ZrO_2$ 中引入 Cu、K 后的体系可以在气态氧缺少的环境下提供活性氧物种来氧化碳烟；对于 K/$ZrO_2$ 催化剂，增加了 $Zr^{3+}$ 的量，使单斜晶系的 $ZrO_2$ 更稳定，对于 Cu-K/$ZrO_2$ 催化剂，K 和 $Cu^{2+}$ 的相互作用增强了催化剂的氧化还原作用。

Peralta 等[54]用浸渍法制备了 Ba/$CeO_2$、K/$CeO_2$ 催化剂，考察了催化剂的稳定性和焙烧温度及 $H_2O$、$SO_2$ 对催化活性的影响。研究发现，Ba 对于碳烟的氧化只起了很小的作用，但 K 的作用很大。7%的 K 含量时催化剂的活性最好，这主要是因为 K 和 Ce 之间的协同作用，此催化剂在 830℃还保持稳定，且在 800℃老化 30h 后不失活，进一步升高温度，由于形成 $BaCeO_3$ 而使活性下降；400℃时水蒸气的加入对催化剂活性并没有太大影响，但升高温度到 800℃则活性下降；1000ppm 的 $SO_2$ 处理 32h 就会使催化剂活性下降。在这些处理条件下，经原位红外和 X 射线光电子能谱（XPS）表征证实表面 Ba、K、Ce 的硫酸盐形成是活性下降的原因，此时 Ba、K 与 Ce 的协同作用减弱；但高浓度的 $SO_2$ 使得催化剂失活并不是一个很大的缺陷，因为未来生产的燃料都应是低硫水平的。

### 3.3.4　非化学计量比氧化物催化剂

钙钛矿、锰钡矿、烧绿石结构等非化学计量比氧化物催化剂[55-62]，因其结构特点，分子结构中存在一定量的氧空位，有利于吸附、活化氧分子，逐渐被学者们重视。

钙钛矿结构的催化剂具有特殊价态的稳定性、混合价态的稳定性、氧的稳定性、体相结构易表征，对 NO 的选择还原能力高等优点，成为非化学计量比氧化物催化剂的研究重点。上官文峰等[55]研究了 K、Cu 掺杂 $La_{0.8}K_{0.2}Cu_{0.05}Mn_{0.95}O_3$ 钙钛矿对碳烟和 $NO_x$ 的共消除，结果表明，碳烟颗粒起燃温度在 260℃，$NO_x$ 转化率达 54.8%。Liu 等[56]制备了系列 $La_{2-x}K_xCuO_4$（$x = 0$, 0.1, 0.2, 0.3, 0.4, 0.5, 0.6）催化剂，研究发现在 $La_{2-x}K_xCuO_4$ 催化剂中 K 的加入替代了部分 La 的 A 位，从而增加了 $Cu^{3+}$ 的氧空缺，使催化剂的活性增加。加入 0.5mol 的 K 时活性最优，$T_{10}$（转化 10%的温度）相对 $La_2CuO_4$ 下降了 80℃左右。Li 等[57]用柠檬酸络合法制备了 Fe 取代的 $La_{0.9}K_{0.1}Co_{1-x}Fe_xO_{3-\delta}$（$x = 0$，0.05，0.1，0.2，0.3）催化剂，考察了该催化剂催化碳烟燃烧和 $NO_x$ 的去除。结果发现 Fe 部分取代 Co 后，催化活性明显提高，$La_{0.9}K_{0.1}Co_{0.9}Fe_{0.1}O_{3-\delta}$ 活性最优，碳烟的最大燃烧温度为 362℃，$NO_x$ 存储能力达到了 213μmol/g，12.5%的 $NO_x$ 可以被碳烟还原。这是由于 Fe 取代 $Co^{3+}$ 后，催化剂中 $Fe^{4+}$ 的量增加了，使催化剂氧化性能增强，同时也增加了催化剂中活性物种表面氧的量，提高了晶格氧的移动性；合成的纳米粒子有助于和碳烟的接触，这也是活性提高的原因之一。López-Suárez 等[58]考察了在 $NO + O_2$ 的气氛下不同制备方式添加 Cu 的 $(Mg/Sr)TiO_3$ 钙钛矿催化剂对碳烟的催化氧化活性并进行了系列表征，催化剂和反应气氛的相互作用采用原位红外研究。结果表明，$SrTi_{0.89}Cu_{0.11}O_3$ 的催化活性最好，因为它有高的 $NO_x$ 化学吸附能力。XPS 结果表明，$Cu^{2+}$ 进入 $(Mg/Sr)TiO_3$ 催化剂晶格是 $SrTiCuO_3$ 和 $MgTiCuO_3$ 具有催化活性的最主要原因，而表面高度分散的 CuO 是 $Cu/SrTiO_3$ 和 $Cu/MgTiO_3$ 具有活性的最主要原因，它们的载体促进 CuO 的分散，$SrTiO_3$ 的作用大于 $MgTiO_3$。$SrTiCuO_3$ 活性高于 $Cu/SrTiO_3$ 的原因是 $SrTiCuO_3$ 对 $NO_x$ 的吸附速率高于 $Cu/SrTiO_3$，这就使 NO 氧化为 $NO_2$ 的速率高，保证了它在低温区的碳烟催化燃烧活性。

张昭良等系统地研究了非化学计量比氧化物[59-62]，如钙钛矿型（$La_{1-x}K_xCo_{1-y}Pd_yO_{3-\delta}$）、锰钡矿型（$K_yTi_8O_{16}$）与烧绿石型（$A_2B_2O_7$）复合氧化物等，这些化合物能够明显改善催化剂与碳烟的接触效率，改善碳烟的催化氧化活性。采用固相法制备了金属 Mn 与 K 的复合氧化物 $K_{2-x}Mn_8O_{16}$ 催化剂，并对其催化碳烟燃烧性能进行了研究。从紧密接触的碳烟燃烧 TPO 曲线中可以看出，$K_{2-x}Mn_8O_{16}$ 具有一定的催化碳烟燃烧活性，在 200℃之前碳烟就起燃，碳烟燃烧速度最大时的温度在 415℃左右。样品经过水洗之后，仍能保持活性不变，是一种性能优异的碳烟燃烧催化剂。采用共沉淀辅助高温焙烧制备了 $Nd_2Sn_2O_7$ 烧绿石型复合氧化物，考察了 1173K 制备温度下不同焙烧时间对氧空位浓度、晶粒大小、孔结构性质、氧化还原性能的影响，并建立其与催化活性之间的构效关系。研究证实，焙烧 6h 制备的催化剂受 280nm 波长的光激发时荧光强度最强，氧空位浓度最大，催化碳烟燃烧的起燃活性最好，起燃温度 $T_{50} = 654K$；焙烧时间过长或过短时催化剂的荧光强度降低，氧空位浓度降低，催化活性减弱。

### 3.3.5　三维有序大孔复合氧化物催化剂

三维有序大孔（3DOM）复合氧化物具有较大的孔径和孔容，可明显改善碳烟在催化剂孔道内的扩散效应，提高接触效率，成为近年来柴油车碳烟和 $NO_x$ 共消除的研究热点。由于 3DOM 催化剂孔径大，孔道排列整齐有序，孔道互相贯通，降低了碳烟在催化剂孔道内的扩散阻力，使碳烟颗粒与催化剂活性中心接触更充分，尤其在松散的条件下效果更佳。

赵震团队[63-72]近十几年来对三维有序大孔复合氧化物在柴油车尾气碳烟和 $NO_x$ 净化领域做了非常详细的研究工作，合成出三维有序大孔的 $Ce_{1-x}Zr_xO_2$、$Ce_{0.8}M_{0.1}Zr_{0.1}O_2$、Ce-Fe-Ti、$La_{1-x}K_xCoO_3$、$LaFeO_3$、$Au_2@Pt_2/CeZrO_2$ 等。Tan 等[63] 利用胶体晶体模板法制备了不同 Fe/Mn 比例的三维有序大孔 Mn-Fe 氧化物催化剂用于碳烟消除。研究表明，Fe/Mn 物质的量比为 1∶3 时催化效果最佳，碳烟燃烧对应生成的 $CO_2$ 浓度最大时的温度为 435℃。Wei 等[64]采用软硬模板相结合的方法合成了三维有序大孔 $Mn_2O_3$ 载体。通过气膜辅助还原法将铂负载到 $Mn_2O_3$ 载体上，所合成的催化剂具有卓越的催化碳烟燃烧的活性，$T_{10}$、$T_{50}$ 和 $T_{90}$ 分别为 318℃、396℃和 450℃，$CO_2$ 选择性高达 99.9%。Yu 等[65]成功合成了 3DOM $Mn_xCe_{1-x}O_\delta$ 催化剂，其中 $Mn_{0.5}Ce_{0.5}O_\delta$ 催化剂活性最高，$T_{50}$ 为 358℃，$CO_2$ 选择性高达 94.2%。为进一步提高三维有序大孔锰铈复合氧化物对碳烟颗粒催化燃烧的能力，利用乙二醇还原法将铂负载到三维有序大孔 $Mn_xCe_{1-x}O_\delta$ 催化剂上，合成了 3% $Pt/Mn_{0.5}Ce_{0.5}O_\delta$ 催化剂。高度分散的铂纳米颗粒提高了催化剂将 NO 氧化成 $NO_2$ 的能力，增加了 $Mn_{0.5}Ce_{0.5}O_\delta$ 催化剂的比表面积和孔容，从而提高了催化剂催化碳烟燃烧的活性，$T_{50}$ 降低到 342℃，$CO_2$ 选择性提高到 96.7%。

Wei 等[66]通过新型气体鼓泡辅助膜还原法合成了一系列 Au 颗粒大小可控的 3DOM $Au_n/LaFeO_3$ 三维有序大孔结构催化剂。由于尺寸适宜的 Au 颗粒的活化作用，该系列催化剂表现出优越的碳烟颗粒燃烧活性，尤其是其低温性能。此外，Wei 等[67]还用相同的方法制备了 3DOM $Au_n/Ce_{1-x}Zr_xO_2$ 催化剂，其中 Au 纳米颗粒在载体表面分散均匀，其尺寸均一。所合成的催化剂在碳烟颗粒的催化燃烧中具有优异的催化性能，尤其是在松散接触条件下，碳烟颗粒在 3DOM $Au_{0.08}/Ce_{0.8}Zr_{0.2}O_2$ 催化剂上的起燃温度为 218℃。研究发现，3DOM $Au_n/Ce_{1-x}Zr_xO_2$ 催化剂上的活性氧物种（$O^{2-}$、$O^-$）来源于两种途径：一种是 Au 纳米颗粒可以直接活化表面吸附的氧，另一种是金属与载体之间的强相互作用（SMSI）使 $CeO_x$ 载体储存活化能力更强的活化氧，这两点是活性氧（$O^{2-}$、$O^-$）的主要来源，也是决定其优越活性的主要原因。

Wei 等[68]利用气膜辅助还原法将纳米 Au、Pt 颗粒担载到表面改性的 PMMA 微球上，后利用离心自组装得到含有贵金属纳米颗粒的胶体晶体模板，通过烘干、浸渍、煅烧等一系列步骤得到孔型规整、孔径一致、孔壁均匀的 3DOM $Pt_n/CeO_2$ 催化剂。该催化剂也展示了高的催化碳烟颗粒燃烧活性，其中 3DOM $Pt_2/CeO_2$ 催化剂催化燃烧碳烟颗粒的峰值温度为 330℃。Wei 等[69]将 AuPt 合金和核壳两种不同结合方式的贵金属纳米颗粒担载到 $CeZrO_2$ 复合氧化物载体上制备了一系列催化剂。实验结果表明，由于 Au 和 Pt 之间的协同效应及核壳结构的界面效应，催化剂具有较高的催化燃烧碳烟颗粒的活性。其中，铈锆复合氧化物担载 $Au_n@Pt_m$ 核壳型结构的催化剂在松散接触条件下，碳烟颗粒的起燃温度为 214℃，同时，核壳型结构能够有效地提高 Au 基催化剂的稳定性及 Pt 基催化剂的选择性。

王翔等[73]采用胶体晶体模板法合成了具有三维有序大孔结构的 3DOM-SnO$_2$ 和 3DOM-M$_1$Sn$_9$（M = CeMn 或 Cu）固溶体催化剂，并且用于松散条件下的碳烟颗粒燃烧。XRD 和 STEM-mapping 结果表明，$Ce^{4+}$、$Mn^{3+}$、$Cu^{2+}$等离子均掺杂到了三维有序大孔 SnO$_2$ 晶格中形成固溶体，从而阻碍了改性催化剂的结晶，提高了其比表面积和孔容。与常规 SnO$_2$ 纳米粒子相比，3DOM-SnO$_2$ 的催化活性明显提高，这是因为碳烟颗粒与三维有序大孔骨架上的活性中心接触更有利于碳烟颗粒的燃烧；同时，随着 $Ce^{4+}$、$Mn^{3+}$、$Cu^{2+}$的掺入，催化剂的活性可以进一步提高，这是由于形成了更多的活泼氧物种。

目前研究最广泛、最具应用价值的催化剂主要是贵金属 Pt 基催化剂和 Ce 基复合氧化物催化剂，它们具有良好的结构织构性能、氧化还原性能和储氧能力等，在目前市场上具有较大的发展潜力。碱金属或碱土金属的耐热性能和抗硫性能很差[51, 54]，且在空气中或含水的氛围中不稳定；非化学计量比氧化物催化剂的比表面积很低[57, 74]，以及 3DOM 复合氧化物高温下的结构不稳定性，这些都限制了它们在实际中的应用。

## 3.4　CDPF 的发展展望

未来针对柴油车尾气向准零排放和零排放发展的趋势，要求 CDPF 具有更高的净化效率、过滤净化 23nm 以下的颗粒物和提高其使用寿命，必须从堇青石过滤材料和催化剂涂层两方面提高性能。对于壁流式堇青石，要求其具有更小更均匀的孔径分布。对于催化剂涂层，贵金属催化剂仍为主要的催化剂组分，但其本征活性、分散度和耐久性均需提高。需发展更高性能的催化剂载体材料和催化剂的制备技术，以及涂层制备技术。其他类催化剂的研究将会继续，是否能用于颗粒物的净化，取决于研究的实际进展是否能达到准零排放和零排放对 CDPF 的要求。对于整个 CDPF 系统的燃油喷射系统，其控制精度将会进一步优化和提高。

## 参 考 文 献

[1]　Ohara E，Mizuno Y，Miyairi Y，et al. Filtration behavior of diesel particulate filters(1). SAE Technical Paper，2007，2007-01-0921.

[2]　汪卫东. 现代柴油车排放及其控制技术综述. 柴油机设计与制造，2005，1（14）：1-4.

[3]　郭国胜. 柴油汽车排放控制技术. 内燃机，2006，2：33-36.

[4]　Ambrodio M，Saracco G，Specchia V. Combining filtration and catalytic combustion in particulate traps for diesel exhaust treatment. Chemical Engineering Science，2001，56（4）：1613-1621.

[5] 王丹. 柴油机微粒捕集器及其再生技术研究. 长春：吉林大学博士学位论文，2013.

[6] 资新运，张卫锋，徐正飞，等. 柴油机微粒捕集器技术发展现状. 环境科学与技术，2011，34(12H)：143-147.

[7] van Setten B A A L，Makkee M，Moulijn J A. Science and technology of catalytic diesel particulate filters. Catalysis Reviews：Science and Engineering，2001，43（4）：489-564.

[8] Adler J. Ceramic diesel particulate filters. International Journal of Applied Ceramic Technology，2005，2（6）：429-439.

[9] 吴晓东，翁端，陈华鹏. 柴油车微粒捕集器过滤材料研究进展. 材料导报，2002，16（6）：28-31.

[10] Barry J C. HDD retrofit technologies. Asian Vehicle Emission Control Conference，Beijing，2004.

[11] Jänchen J，Stach H，Busio M，et al. Microcalorimetric and spectroscopic studies of the acidic and physisorption characteristics of MCM-41 and zeolites. Thermochimica Acta，1998，312（1/2）：33-45.

[12] 高希彦，王宪成，许晓光，等. 柴油机排放微粒后处理技术试验研究. 大连理工大学学报，2000，40（81）：55-60.

[13] van Gulijk C，Helszwolf J J，Makkee M，et al. Selection and development of a reactor for diesel particulate filtration. Chemical Engineering Science，2001，56（4）：1705-1712.

[14] Amariglio H，Duval X. Etude de la Combustion catalytique du graphite. Carbon，1966，4（3）：323-332.

[15] 龚金科，赖天贵，刘孟祥，等. 柴油机微粒捕集器过滤材料与再生方法分析与研究. 内燃机，2004，4：1-4.

[16] 杨曦，张昭良，王仲鹏. 柴油车燃料添加型催化剂研究进展. 环境科学与技术，2010，33（7）：68-70.

[17] Joshi A. Development of an actively regenerating DPF system for retrofit applications. SAE Technical Paper，2006，2006-01-3553.

[18] 苏庆运，刘卫国，陈觉先，等. $NO_2$ 连续再生柴油机微粒过滤器的试验研究. 内燃机学报，2001，19（5）：443-446.

[19] 吕祥奎. 车用柴油机排放控制的研究现状及前景分析. 内燃机与动力装置，2007，3：34-38.

[20] 李倩，王仲鹏，孟明，等. 柴油车尾气碳烟颗粒催化消除研究进展. 环境化学，2011，30（1）：331-336.

[21] Schejbal M，Štěpánek J，Marek M，et al. Modelling of soot oxidation by $NO_2$ in various types of diesel particulate filters. Fuel，2010，89（9）：2365-2375.

[22] Setiabudi A，Makkee M，Moulijn J A. The role of $NO_2$ and $O_2$ in the accelerated combustion of soot in diesel exhaust gases. Applied Catalysis B：Environmental，2004，50（3）：185-194.

[23] 张海龙. 柴油车碳烟颗粒物在铈锰/铈锆催化剂上的氧化反应与失活研究以及碳烟结构和活性关联. 成都：四川大学博士学位论文，2019.

[24] Oi-Uchisaw J，Obuchi A，Ogata A，et al. Effect of feed gas composition on the rate of carbon oxidation with $Pt/SiO_2$ and the oxidation mechanism. Applied Catalysis B：Environmental，1999，21（1）：9-17.

[25] Oi-Uchisawa J，Obuchi A，Zhao Z，et al. Carbon oxidation with platinum supported catalysts. Applied Catalysis B：Environmental，1998，18（3/4）：L183-L187.

[26] Oi-Uchisawa J，Wang S，Nanba T，et al. Improvement of Pt catalyst for soot oxidation using mixed oxide as a support. Applied Catalysis B：Environmental，2003，44（3）：207-215.

[27] Krishna K，Bueno-López A，Makkee M，et al. Potential rare-earth modified $CeO_2$ catalysts for soot oxidation part Ⅱ：Characterisation and catalytic activity with NO + $O_2$. Applied Catalysis B：Environmental，2007，75（3/4）：201-209.

[28] Liu S，Wu X D，Weng D，et al. $NO_x$-assisted soot oxidation on $Pt$-$Mg/Al_2O_3$ catalysts：Magnesium precursor，Pt particle size，and Pt-Mg interaction. Industrial Engineering Chemistry Research，2012，51（5）：2271-2279.

[29] Liu S，Wu X D，Weng D，et al. Combined promoting effects of platinum and $MnO_x$-$CeO_2$ supported on alumina on

NO$_x$-assisted soot oxidation: Thermal stability and sulfur resistance. Chemical Engineering Journal, 2012, 203（1）: 25-35.

[30] Subonen S, Valden M, Hietikko M, et al. Effect of Ce-Zr mixed oxides on the chemical state of Rh in alumina supported automotive exhaust catalysts studied by XPS and XRD. Applied Catalysis A: General, 2001, 218（1/2）: 151-160.

[31] Bueno-López A, Krishna K, van der Linden B, et al. On the mechanism of model diesel soot-O$_2$ reaction catalysed by Pt-containing La$^{3+}$-doped CeO$_2$: A TAP study with isotopic O$_2$. Catalysis Today, 2007, 121（3/4）: 237-245.

[32] Bonilla S H, Carvalho J G A, Almeida C M V B, et al. Platinum surface modification with cerium species and the effect against the methanol anodic reaction. Journal of Electroanalytical Chemistry, 2008, 617（2）: 203-210.

[33] Zhang H L, Zhu Y, Wang S D, et al. Activity and thermal stability of Pt/Ce$_{0.64}$Mn$_{0.16}$R$_{0.2}$O$_x$（R = Al, Zr, La, or Y）for soot and NO oxidation. Fuel Processing Technology, 2015, 137: 38-47.

[34] Matsuoka K, Orikasa H, Itoh Y, et al. Reaction of NO with soot over Pt-loaded catalyst in the presence of oxygen. Applied Catalysis B: Environmental, 2000, 26（2）: 89-99.

[35] Jeguirim M, Tschamber V, Ehrburger P. Catalytic effect of platinum on the kinetics of carbon oxidation by NO$_2$ and O$_2$. Applied Catalysis B: Environmental, 2007, 76（3-4）: 235-240.

[36] Gao Y X, Wu X D, Nord R B, et al. Sulphation and ammonia regeneration of a Pt/MnO$_x$-CeO$_2$/Al$_2$O$_3$ catalyst for NO$_x$-assisted soot oxidation. Catalysis Science & Technology, 2018, 8: 1621-1631.

[37] Liu S, Wu X D, Weng D, et al. Sulfation of Pt/Al$_2$O$_3$ catalyst for soot oxidation: High utilization of NO$_2$ and oxidation of surface oxygenated complexes. Applied Catalysis B: Environmental, 2013, 138-139: 199-211.

[38] Mukherjee D, Rao B G, Reddy B M. CO and soot oxidation activity of doped ceria: Influence of dopants. Applied Catalysis B: Environmental, 2016, 197: 105-115.

[39] Lin X T, Li S J, He H, et al. Evolution of oxygen vacancies in MnO$_x$-CeO$_2$ mixed oxides for soot oxidation. Applied Catalysis B: Environmental, 2018, 223: 91-102.

[40] He H, Lin X T, Li S J, et al. The key surface species and oxygen vacancies in MnO$_x$(0.4)-CeO$_2$ toward repeated soot oxidation. Applied Catalysis B: Environmental, 2018, 223: 134-142.

[41] Liang Q, Wu X, Weng D, et al. Oxygen activation on Cu/Mn-Ce mixed oxides and the role in diesel soot oxidation. Catalysis Today, 2008, 139（1/2）: 113-118.

[42] Atribak I, Azambre B, Bueno-Lopez A, et al. Effect of NO$_x$ adsorption/desorption over ceria-zirconia catalysts on the catalytic combustion of model soot. Applied Catalysis B: Environmental, 2009, 92（1/2）: 126-137.

[43] Atribak I, Bueno-Lopez A, Garcia-Garcia A. Thermally stable ceria-zirconia catalysts for soot oxidation by O$_2$. Catalysis Communications, 2008, 9（2）: 250-255.

[44] Atribak I, Bueno-Lopez A, Garcia-Garcia A. Role of yttrium loading in the physico-chemical properties and soot combustion activity of ceria and ceria-zirconia catalysts. Journal of Molecular Catalysis A: Chemical, 2009, 300（1/2）: 103-110.

[45] Liu S, Wu X D, Lin Y, et al. Active oxygen-assisted NO-NO$_2$ recycling and decomposition of surface oxygenated species on diesel soot with Pt/Ce$_{0.6}$Zr$_{0.4}$O$_2$ catalyst. Chinese Journal of Catalysis, 2014, 35（3）: 407-415.

[46] Shan W J, Ma N, Yang J L, et al. Catalytic oxidation of soot particulates over MnO$_x$-CeO$_2$ oxides prepared by complexation-combustion method. Journal of Natural Gas Chemistry, 2010, 19（1）: 86-90.

[47] Wu X D, Lin F, Xu H B, et al. Effects of absorbed and gaseous NO$_x$ species on catalytic oxidation of diesel soot with MnO$_x$-CeO$_2$ mixed oxides. Applied Catalysis B: Environmental, 2010, 96（1/2）: 101-109.

[48] Wu X D, Liu S, Weng D, et al. MnO$_x$-CeO$_2$-Al$_2$O$_3$ mixed oxides for soot oxidation: Activity and thermal stability.

Journal of Hazardous Materials，2011，187（1/3）：283-290.

[49] 饶成. 制备 SnO₂ 催化材料用于碳烟颗粒燃烧的构效关系研究. 南昌：南昌大学硕士学位论文，2018.

[50] Jiménez R，García X，Cellier C，et al. Soot combustion with K/MgO as catalyst. Applied Catalysis A： General，2006，297（2）：125-134.

[51] Jiménez R，Garcíaa X，Lópezb T，et al. Catalytic combustion of soot. Effects of added alkali metals on CaO-MgO physical mixtures. Fuel Processing Technology，2008，89（11）：1160-1168.

[52] Hleisa D，Labakib M，Laversina H，et al. Comparison of alkali-promoted ZrO₂ catalysts towards carbon black oxidation. Colloids and Surfaces A： Physicochemical and Engineering Aspects，2008，330（2/3）：193-200.

[53] Laversin H，Courcot D，Zhilinskaya E A，et al. Study of active species of Cu-K/ZrO₂ catalysts involved in the oxidation of soot. Journal of Catalysis，2006，241（2）：456-464.

[54] Peralta M A，Milt V G，Cornaglia L M，et al. Stability of Ba，K/CeO₂ catalyst during diesel soot combustion： Effect of temperature，water，and sulfur dioxide. Journal of Catalysis，2006，242（1）：118-130.

[55] Peng X S，Lin H，Shangguan W F，et al. Physicochemical and catalytic properties of $La_{0.8}K_{0.2}Cu_xMn_{1-x}O_3$ for simultaneous removal of $NO_x$ and soot： Effect of Cu substitution amount and calcination temperature. Industrial Engineering Chemistry Research，2006，45（26）：8822-8828.

[56] Liu J，Zhao Z，Xu C M，et al. Simultaneous removal of $NO_x$ and diesel soot particulates over nanometric $La_{2-x}K_xCuO_4$ complex oxide catalysts. Catalysis Today，2007，119（1/4）：267-272.

[57] Li Z Q，Meng M，Li Q，et al. Fe-substituted nanometric $La_{0.9}K_{0.1}Co_{1-x}Fe_xO_{3-\delta}$ perovskite catalysts used for soot combustion，$NO_x$ storage and simultaneous catalytic removal of soot and $NO_x$. Chemical Engineering Journal，2010，164（1）：98-105.

[58] López-Suárez F E，Parres-Esclapez S，Bueno-Lopez A，et al. Role of surface and lattice copper species in copper-containing(Mg/Sr)TiO₃ perovskite catalysts for soot combustion. Applied Catalysis B： Environmental，2009，93（1/2）：82-89.

[59] Liu T Z，Li Q，Xin Y，et al. Quasi free K cations confined in hollandite-type tunnels for catalytic solid(catalyst)-solid(reactant) oxidation reactions. Applied Catalysis B： Environmental. 2018，232：108-116.

[60] Guo X，Meng M，Dai F F，et al. $NO_x$-assisted soot combustion over dually substituted perovskite catalysts $La_{1-x}K_xCo_{1-y}Pd_yO_{3-\delta}$. Applied Catalysis B： Environmental，2013，142-143：278-289.

[61] Tian G K，Chen H，Lu C X，et al. An oxygen pool from YBaCo₄O₇-based oxides for soot combustion. Catalysis Science & Technology，2016，6（12）：4511-4515.

[62] 张昭良. 碳烟（Soot）催化燃烧的新进展. 第九届全国环境催化与环境材料学术会议——助力两型社会快速发展的环境催化与环境材料，长沙，2015.

[63] Tan J B，Wei Y C，Sun Y Q，et al. Simultaneous removal of $NO_x$ and soot particulates from diesel engine exhaust by 3DOM Fe-Mn oxide catalysts. Journal of Industrial & Engineering Chemistry，2018，63：84-94.

[64] Wei Y C，Zhao Z，Li T，et al. The novel catalysts of truncated polyhedron Pt nanoparticles supported on three-dimensionally ordered macroporous oxides（Mn，Fe，Co，Ni，Cu）with nanoporous walls for soot combustion. Applied Catalysis B： Environmental，2014，146：57-70.

[65] Yu X H，Li J M，Wei Y C，et al. Three-dimensionally ordered macroporous $Mn_xCe_{1-x}O_\delta$ and $Pt/Mn_{0.5}Ce_{0.5}O_\delta$ catalysts：Synthesis and catalytic performance for soot oxidation. Industrial & Engineering Chemistry Research，2012，53（23）：9653-9664.

[66] Wei Y C，Liu J，Zhao Z，et al. Highly active catalysts of gold nanoparticles supported on three-dimensionally ordered macroporous LaFeO₃ for soot oxidation. Angewandte Chemie International Edition，2011，50（10）：2326-2329.

[67] Wei Y C, Liu J, Zhao Z, et al. The catalysts of three-dimensionally ordered macroporous $Ce_{1-x}Zr_xO_2$-supported gold nanoparticles for soot combustion: The metal-support interaction. Journal of Catalysis, 2012, 287: 13-29.

[68] Wei Y C, Zhao Z, Liu J, et al. Design and synthesis of 3D ordered microporous $CeO_2$-supported $Pt@CeO_{2-\delta}$ core-shell nanoparticle materials for enhanced catalytic activity of soot oxidation. Small, 2013, 9 (23): 3957-3963.

[69] Wei Y C, Zhao Z, Liu J, et al. Multifunctional catalysts of three-dimensionally ordered macroporous oxide-supported Au@Pt core-shell nanoparticles with high catalytic activity and stability for soot oxidation. Journal of Catalysis, 2014, 317: 62-74.

[70] Cheng Y, Song W Y, Liu J, et al. Simultaneous $NO_x$ and particulate matter removal from diesel exhaust by hierarchical Fe-doped Ce-Zr oxide. ACS Catalysis, 2017, 7 (6): 3883-3892.

[71] Cheng Y, Liu J, Zhao Z, et al. A new 3DOM Ce-Fe-Ti material for simultaneously catalytic removal of PM and $NO_x$ from diesel engines. Journal of Hazardous Materials, 2018, 342: 317-325.

[72] Xiong J, Wu Q Q, Mei X L, et al. Fabrication of spinel-type $Pd_xCo_{3-x}O_4$ binary active sites on 3D ordered meso-macroporous $Ce-Zr-O_2$ with enhanced activity for catalytic soot oxidation. ACS Catalysis, 2018, 8 (9): 7915-7930.

[73] Rao C, Liu R, Feng X H, et al. Three-dimensionally ordered macroporous $SnO_2$-based solid solution catalysts for effective soot oxidation. Chinese Journal Catalysis, 2018, 39 (10): 1683-1694.

[74] Ifrah S, Kaddouri A, Gelin P, et al. On the effect of La-Cr-O-phase composition on diesel soot catalytic combustion. Catalysis Communications, 2007, 8 (12): 2257-2262.

# 第4章 选择性催化还原 NO$_x$ 催化剂

## 4.1 选择性催化还原技术概述

柴油车排放尾气中的 NO$_x$ 主要包括 NO（约占 90%）和 NO$_2$（约占 10%）。NO 主要来源于大气中的 N$_2$ 和燃料中的含氮有机物，而大气中的 N$_2$ 是柴油车（发动机）NO 的最主要的来源。在标准状况下，NO 为无色无味有毒气体，带有自由基，因此其化学性质非常活泼，易与 O$_2$ 反应生成具有腐蚀性的气体 NO$_2$。在常温常压下，NO$_2$ 为红棕色，具有刺激性气味，易溶于水，有毒，吸入 NO$_2$ 后会对肺部组织产生强烈的刺激性和腐蚀性。虽然 NO$_x$ 来自无毒无害的 N$_2$ 和 O$_2$，最理想的 NO$_x$ 净化方法是热分解，但 NO$_x$ 热分解为 N$_2$ 和 O$_2$ 的能耗大且成本高。因此，常用的 NO$_x$ 净化方法是在一定的温度下将 NO$_x$ 还原为 N$_2$。

常见的 NO$_x$ 还原净化法包括选择性非催化还原（selective non catalytic reduction，SNCR）、选择性催化还原（SCR）、非选择性催化还原（non selective catalytic reduction，NSCR）和 NO$_x$ 储存还原（NSR；又称 lean-NO$_x$ trap，LNT）四种。其中，SNCR、SCR 和 NSCR 都已成功应用于固定源（如燃煤电厂）NO$_x$ 排放控制，在某些固定工况的大型柴油机上也有一定应用。由于柴油机缸内为稀混合气的稀薄燃烧，在净化 NO$_x$ 时，还原剂被尾气中的大量 O$_2$ 氧化，使尾气中没有足够的还原剂还原 NO$_x$，导致 NSCR 法的成本居高不下，且排温低，因此，SNCR 和 NSCR 不适合用于柴油车（发动机）尾气中 NO$_x$ 净化。

常见的净化柴油车（发动机）尾气 NO$_x$ 的方法包括 SCR 和 LNT 两种。根据还原剂不同，SCR 技术又分为 NH$_3$-SCR、HC-SCR、CO-SCR 和 H$_2$-SCR 等；已经成功商业化的 SCR 技术包括 NH$_3$-SCR 和 HC-SCR。还原剂 NH$_3$ 来源于尿素水溶液热分解，因此，NH$_3$-SCR 也称为 Urea-SCR，适合用于重型柴油车尾气净化 NO$_x$；还原剂 HC 来源于未完全燃烧的柴油，因此 HC-SCR 也称为稀燃 NO$_x$ 催化（lean NO$_x$ catalytic，LNC）技术，适合用于轻型柴油车。已商业应用的 LNT 技术可分为仅吸附 NO$_x$ 和同时吸附 NO$_x$、HC 和 CO 两种；LNT 技术已成功用于缸内直喷稀燃汽油机中，与 NH$_3$-SCR 净化系统相比，LNT 净化系统的结构紧凑、生产成本低，因此比较适合用于结构紧凑、空间有限的排量小于 2.5L 的轻型柴油车上。

在催化剂作用下，以碳氢化合物、含氧碳氢化合物（如甲醇、乙醇、二甲醚等）、H$_2$、CO、NH$_3$（含可释放 NH$_3$ 的化合物，如尿素、氨基甲酸铵）等为还原剂，这些还原剂选择性地与 NO$_x$ 反应生成 N$_2$、CO$_2$ 和 H$_2$O 的方法，即称为选择性催化还原技术。该技术的特点：还原剂选择性地与 NO$_x$ 反应，而不直接与 O$_2$ 发生反应，这样避免了还原剂的过量消耗，从而极大地减小了反应热，降低了 SCR 催化剂床层的温度，大大提高了催化剂的使用寿命和可靠性。因而，各类 SCR 催化剂及相关技术的开发均受到广泛关注。

# 4.2 NO$_x$ 储存还原净化技术

## 4.2.1 LNT 应用概况

日本丰田公司于 1996 年提出了 NO$_x$ 储存还原技术[1]。早期这一技术称为 NSR，现在都称为 LNT，其工作原理如图 4-1 所示，首先在稀燃过程中，NO 经吸附，在贵金属的催化作用下生成 NO$_2$；经扩散等过程，最后以硝酸盐的形式储存于碱金属氧化物、碱土金属氧化物或稀土金属氧化物等中；在该模式下运行 60～90s（载体材料吸附饱和之前）后发动机切换到富燃条件下运行，受热力学、动力学等因素的影响，氧化物中储存的 NO$_x$ 自发地释放出来，在贵金属催化作用下，与尾气中的 CO、HC、H$_2$ 和 NH$_3$ 等还原剂分子发生选择性催化还原反应生成 N$_2$[2, 3]。LNT 技术增加燃油消耗量，并需要足够精确的 NO$_x$ 传感器及低硫含量；其优点是可以直接使用燃料作为还原剂，不需要安装存储还原剂专用车载容器和相应的基础设施，因此主要适用于稀燃汽油机和轻型柴油机的尾气 NO$_x$ 净化。但需要注意的是，当燃油中的硫含量大于 0.001%（质量分数）时，LNT 催化剂易发生硫中毒，净化 NO$_x$ 能力下降；若需要恢复到催化剂中毒前的催化性能，需要将尾气温度升高至 650～700℃并持续一段时间后，才能使催化剂上的含硫化合物分解，如此还需制定催化剂性能恢复控制策略，这不仅增加了额外的油耗，

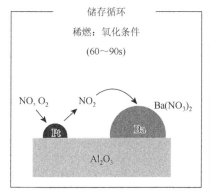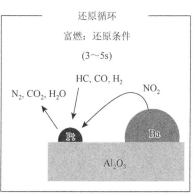

图 4-1 LNT 催化剂上的氮氧化物储存还原机理[2, 3]

还增加了后处理系统的设计难度和成本[4]。LNT 技术的 $NO_x$ 净化效率高低取决于 LNT 催化剂的再生策略。通常，在发动机正常运行时，通过发动机管理系统控制发动机在复燃条件下工作，以达到 LNT 催化剂再生目的。上述过程中的稀燃切换到富燃的时间间隔和富燃时间的长度对 $NO_x$ 净化效率影响很大，富燃时间过长则会导致油耗太高，太短则 $NO_x$ 净化效率不高。此外，LNT 催化剂的吸附能力对 $NO_x$ 的净化效率影响也很大，目前材料的吸附性能限制了 LNT 技术在重型柴油车上的应用，但在轻型柴油车上有较大的应用前景。

### 4.2.2　LNT 过程简介

LNT 过程是周期循环的，在较长的稀燃阶段，$NO_x$ 先吸附在催化剂的表面，形成亚硝酸盐或硝酸盐储存于催化剂上；再交替进行短暂的富燃阶段，还原剂将 $NO_x$ 还原为 $N_2$，并使催化剂表面恢复到初始状态后继续进行下一轮循环。包括以下五个反应步骤。

#### 1. $NO_2$ 的生成

尾气中 90% 以上的 $NO_x$ 是 NO，但 $NO_2$ 更容易吸附在 LNT 催化剂上生成硝酸盐或亚硝酸盐，如此就需要贵金属作为活性组分将 NO 氧化成 $NO_2$ 才能实现。而贵金属的存在状态、分散性、载体的性质、吸附储存 $NO_x$ 的吸附剂的含量及贵金属、载体、储存组分三者之间的相互作用都将影响 $NO_2$ 的生成。

#### 2. $NO_x$ 的储存

$NO_x$ 吸附到催化剂上，以硝酸盐或亚硝酸盐的形式储存在催化剂的表面。因此，尾气的组成、尾气温度、贵金属、储存组分和载体等的性质都将影响 $NO_x$ 的吸附，且还会影响 LNT 机理。

#### 3. 富燃反应条件

$NO_x$ 以硝酸盐和亚硝酸盐的形式储存在催化剂上，必须将稀燃条件切换至富燃条件，并引入还原剂。此时，还原剂有三个作用：首先，消耗尾气中多余的 $O_2$ 使尾气转化为还原气氛；其次，与催化剂表面的活性氧反应；最后，将脱附的 $NO_x$ 还原为 $N_2$。因此，还原剂的量必须充足。常用的还原剂中，以 $H_2$ 的还原性能最为有效；CO 和 HC 在低温时还原 $NO_x$ 的能力弱于 $H_2$，但在中高温时，性能与 $H_2$ 相当。

#### 4. $NO_x$ 的脱附

$NO_x$ 的脱附率将影响 $NO_x$ 的储存能力，影响该阶段的因素：首先，还原剂在催化剂上发生氧化反应，放出大量的热，使储存在催化剂上的硝酸盐受热分解生成 NO$_x$ 从催化剂表面脱附；其次，在富燃条件下，引入大量还原剂使催化剂处于还原气氛中，硝酸盐或亚硝酸盐的稳定性降低，分解生成 NO$_x$ 从催化剂表面脱除。NO$_x$ 的脱附也受尾气组成、温度、贵金属、吸附剂和载体等性质的影响。

5. NO$_x$ 的还原

在 LNT 过程中，稀燃的时间远长于富燃，这就要求催化剂必须在有限的富燃时间内将大量的 NO$_x$ 还原为 N$_2$，同时具有高 N$_2$ 选择性。贵金属的活性决定了 LNT 催化剂的性能。碱金属或碱土金属的存在可加速贵金属催化剂对 NO$_x$ 的还原。此外，在稀燃与富燃的切换阶段，虽然此时仍为稀燃条件，但已有大量的还原剂存在，加速了贵金属催化剂对 NO$_x$ 的还原。

## 4.2.3 LNT 反应机理

目前，主要有三种 LNT 反应机理，如图 4-2 所示[2]。机理 A 认为，NO$_x$ 以硝酸盐和亚硝酸盐的形式储存在 Pt 与 Ba 界面上与 Pt 相邻的 Ba 活性中心，亚硝酸

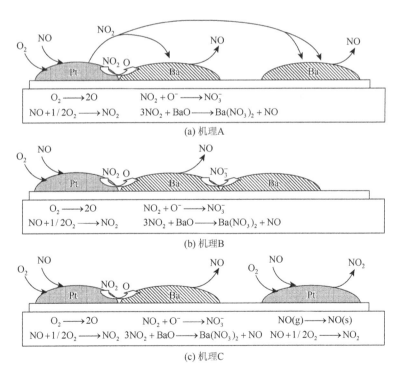

图 4-2 LNT 反应机理示意图[2]

盐还可进一步被氧化为硝酸盐；而在离 Pt 较远的 Ba 活性中心上仅吸附 $NO_2$，并以硝酸盐的形式储存。机理 B 认为，大量的 NO 和 $O_2$ 存在于与 Pt 相邻的 Ba 活性中心周围，Ba 活性中心迅速吸附 $NO_x$ 达到饱和，并随着储存过程的循环进行，生成的硝酸盐逐渐转移到距 Pt 较远的 Ba 活性中心上，上述过程也被称为硝酸盐溢流。机理 C 认为，LNT 催化剂存在两部分贵金属 Pt，一部分离 Ba 活性中心较远的 Pt 只参与氧化 NO；而与 Ba 活性中心相邻的 Pt 不仅参与 NO 氧化成 $NO_2$，还可将生成的 $NO_2$ 储存在相邻的 Ba 活性中心上，并将形成的亚硝酸盐氧化为硝酸盐。但上述三种反应机理仍有问题未解决，还需进一步探究。

## 4.2.4 LNT 催化剂

LNT 催化剂由贵金属、储存组分和载体三部分组成。

### 1. 贵金属

贵金属是 LNT 催化剂的活性组分，其有两个作用：在稀燃阶段，将 NO 氧化成 $NO_2$ 以提高 $NO_x$ 的储存能力；在富燃阶段，还原剂在贵金属上将脱附的 $NO_x$ 还原为 $N_2$。常用的贵金属为 Pt，但为了促进 $NO_x$ 的还原，常加入 Rh 来改性 Pt。

常用的 Pt、Pd 和 Rh 在稀燃条件下均对 $NO_x$ 具有独特的氧化和还原活性，且能同时催化氧化尾气中的 HC 和 CO 等污染物，因此，均可作为 LNT 催化剂的活性组分。对比 Pt-CaO/$Al_2O_3$、Pd-CaO/$Al_2O_3$ 和 Rh-CaO/$Al_2O_3$ 三种催化剂，其 LNT 活性顺序为 Rh＞Pt＞Pd；其中，Rh 基催化剂在富燃条件下具有更高的 $NO_x$ 还原活性，而 Pt 基催化剂在稀燃条件下更易将 $NO_x$ 氧化[5, 6]。而低于 300℃时，Pd/Ba/$Al_2O_3$ 比 Pt/Ba/$Al_2O_3$ 具有更高的 $NO_x$ 储存能力和还原能力；高于 300℃时，Pt/Ba/$Al_2O_3$ 的 $NO_x$ 净化效率远高于 Pd/Ba/$Al_2O_3$ 和 Rh/Ba/$Al_2O_3$[7]。对比 Pt/Ba/$Al_2O_3$ 与 Pt-Rh/Ba/$Al_2O_3$ 催化剂的 LNT 性能和抗硫性，结果表明，虽然单 Pt 催化剂的 $NO_x$ 储存能力远高于 Pt-Rh 双贵金属催化剂，但后者的 $NO_x$ 还原活性更高且更易脱硫再生[8]。由于 Rh 在自然界中以伴生矿的形式存在于铂矿中，含量极其稀少，比 Pt 更昂贵，若使用单 Rh 作为活性组分，将大大增加 LNT 催化剂的成本；另外，虽然 Pt 对 $NO_x$ 的还原能力稍弱于 Rh，但前者价格更低廉，因此，目前的 LNT 研究主要集中在单 Pt 或者 Pt-Rh 的催化剂上。

### 2. 储存组分

碱金属和碱土金属都可作为 LNT 催化剂中的储存 $NO_x$ 组分。其中，碱金属储存 $NO_x$ 的能力和抗硫性均高于碱土金属，但碱金属的碱性太强，抑制了富燃阶段的 $NO_x$ 脱附，且碱金属的热稳定性弱于碱土金属，高于 750℃时会从催化剂上脱离；更重要的是，在冷启动阶段，尾气中的水会冷凝为液态水，碱金属易溶于水中而导致催化剂结构坍塌。因此，LNT 的储存组分主要是碱土金属，常用的碱土金属是 Ba。

### 3. 载体

作为 LNT 催化剂的支撑骨架，载体应具有较高的比表面积、稳定性和抗硫性能。Al$_2$O$_3$ 是常用的 LNT 载体，但 γ-Al$_2$O$_3$ 易在高温下发生相变，或与 Ba 反应生成尖晶石结构的 BaAl$_2$O$_4$，从而导致储存 NO$_x$ 的活性中心减少，且抗硫性有待提高。因此，常需添加助剂以提高 Al$_2$O$_3$ 基催化剂的稳定性和抗硫性。目前，LNT 载体的研究不再局限于 Al$_2$O$_3$，已发展至 CeO$_2$、ZrO$_2$、CeZrO$_x$、TiO$_2$、ZrTiO$_x$ 等纯氧化物或二元氧化物。载体是 LNT 催化剂的重要组成部分，其不仅影响储存组分和贵金属的分散性和稳定性，载体本身的织构和结构性能、酸碱性和化学稳定性都对 LNT 催化剂的性能有很大影响[9]。

此外，稀燃/富燃周期对 LNT 催化剂的性能有较大影响。对于发动机而言，不同的稀燃/富燃周期代表着不同的燃料经济性：若富燃周期太长则燃料燃烧不充分，经济性低，故应缩短富燃周期以提高燃料经济性；但若稀燃时间太长则会降低 NO$_x$ 净化效率。因此，需要调控稀燃/富燃周期以使 LNT 催化剂达到最佳 NO$_x$ 净化效果。

## 4.2.5 LNT 催化剂的失活

车用 LNT 催化剂的工作环境十分复杂，易受到外部环境的影响而部分或完全失去活性。虽然可以通过适当的处理条件使部分失活催化剂的活性恢复，但这仍限制了 LNT 催化剂的应用。因此，需从失活机理出发抑制催化剂的失活。LNT 催化剂失活主要来自硫中毒、热失活及 H$_2$O 和 CO$_2$ 中毒等。

### 1. 硫中毒

在稀燃发动机尾气中，来自燃料和润滑油中的硫主要以 SO$_2$ 的形式存在。在稀燃条件下，Pt 参与到硫的氧化过程中，XPS 表征结果表明，硫是以 PtS 的形式存在于催化剂表面[10]。在稀燃/富燃转化阶段，PtS 中的 S 会迁移至催化剂的其他组分上。当 S 含量较低时，会与储存组分 Ba 在催化剂表面生成 BaSO$_4$；当 S 含量增加时，生成的 BaSO$_4$ 颗粒增大。而 S 与 Ba 的结合能力远强于 NO$_x$ 与 Ba 的结合，形成更稳定的大颗粒 BaSO$_4$，不易分解。此外，硫还会与催化剂中的铈、铝等反应生成相应的硫酸盐，从而大大降低了 LNT 催化剂的 NO$_x$ 储存还原能力。

　　硫中毒的催化剂需要较长时间的高温再生处理来恢复其活性，但长时间高温会导致催化剂老化失活，并增加燃油消耗。日本丰田公司采用 $H_2$ 作为还原剂以提高硫中毒催化剂的再生效率；或以 HC 作为还原剂时，在原有催化剂中添加 $Rh/ZrO_2$ 以促进水蒸气重整反应，提高 $H_2$ 的生成量；还可将整体式催化剂的四边形孔道改进为六边形，以改善催化剂涂层的分布，增加接触面积，提高催化剂的再生能力。

### 2. 热失活

　　催化剂脱硫再生时需要较高温度，且 HC、CO 和 $H_2$ 在 $NO_x$ 还原过程中会放出大量的热，从而导致催化剂表面局部过热而发生热失活，大大降低了 LNT 催化剂的储存还原能力[11]。导致催化剂热失活的原因主要有两个：一是载体的微观结构在经过热处理后发生明显变化，催化剂小孔被堵塞或者坍塌生成大孔，导致催化剂的比表面积和孔容降低；且热处理还会使 LNT 催化剂的贵金属颗粒和储存组分颗粒长大，从而降低了 Ba 和贵金属的分散度。二是在高温热处理时，载体与储存组分可能会发生固态反应生成二元复合氧化物，贵金属与储存组分和/或载体反应生成二元或三元复合氧化物。如图 4-3 所示，对于 $Pt-Ba/CeO_2$ 催化剂，$BaPtO_3$ 在 600～700℃ 的氧化气氛下生成；高于 800℃，$BaPtO_3$ 会与热老化产物 $BaCeO_3$ 进一步反应生成 $Ba_2CePtO_6$，降低了贵金属的氧化活性和储存组分 Ba 的储存能力，从而降低了催化剂的活性[12]。

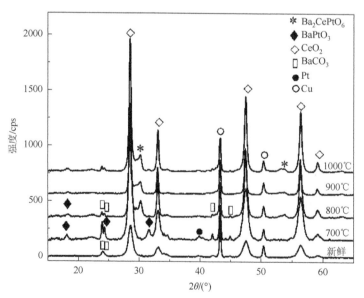

图 4-3　不同老化条件对 $Pt-Ba/CeO_2$ 催化剂结构的影响[12]

cps（cycle per second）表示次每秒

解决 LNT 催化剂热失活问题的办法是提高催化剂的热稳定性和贵金属的分散性；对于由贵金属、储存组分和载体之间在高温时相互作用生成的二元或三元复合氧化物而引起的热失活，则需要使形成的复合氧化物在发动机运行时的尾气氛围下分解为有效的贵金属、储存组分和载体，或者通过对催化剂的改性以抑制复合氧化物的生成。对于 $BaCeO_3$ 和 $BaAl_2O_4$ 在机动车尾气气氛下（含 $CO_2$、$NO_x$ 和 $H_2O$）的稳定性研究表明：$BaAl_2O_4$ 在有水存在时室温下即可发生水解反应，当 $H_2O$ 和 $NO_x$ 同时存在时，$BaAl_2O_4$ 可以转化为 $Ba(NO_3)_2$；而在 300～500℃时，$BaCeO_3$ 可以与 $H_2O$ 和 $NO_x$ 反应生成 $Ba(NO_3)_2$ 和 $CeO_2$，在 $CO_2$ 气氛下，则生成 $BaCO_3$ 和 $CeO_2$[13]。$CO_2$ 的存在可以明显抑制 $BaCeO_3$ 的生成[14]。

### 3. $H_2O$ 和 $CO_2$ 中毒

储存组分 Ba 的存在状态决定了 $NO_x$ 的储存量，其对 $NO_x$ 吸附能力增加顺序为 $BaO > Ba(OH)_2 > BaCO_3$。$BaO$ 是储存组分的初始存在状态，因此，其对 $NO_x$ 的吸附能力最强。研究结果表明[15]，在 360℃下，$CO_2$ 和 $H_2O$ 共存时，Ba 以 $BaO$、$Ba(OH)_2$ 和 $BaCO_3$ 三种状态共存于催化剂表面，由此说明，$H_2O$ 和 $CO_2$ 共存会降低 $NO_x$ 的吸附储存，使 LNT 催化剂部分失活。而且，$H_2O$ 和 $CO_2$ 在催化剂表面与 $NO_x$ 之间存在竞争吸附，又在一定程度上抑制了 $NO_x$ 的吸附储存；而 $H_2O$ 的存在会降低 $Ba(NO_3)_2$ 的稳定性，从而降低 $NO_x$ 的储存量。Epling 等的研究结果表明[16]，$CO_2$ 的存在不仅降低 $NO_x$ 的吸附储存能力，还降低 $NO_x$ 催化还原效率；而 $H_2O$ 的存在虽然降低了 $NO_x$ 的储存效率和转化效率，但可提高 $NO_x$ 的还原效率；当二者共存时，$NO_x$ 的储存效率、转化效率和还原效率得到了不同程度的降低。

## 4.3　碳氢选择性催化还原 NO_x 技术

### 4.3.1　HC-SCR 技术简介

HC-SCR 技术是指还原剂碳氢化合物（HC）在催化剂作用下选择性地与 $NO_x$ 反应，生成 $N_2$、$CO_2$ 和 $H_2O$ 的选择性催化还原技术。该技术的 HC 主要来源于柴油发动机未完全燃烧或未燃烧的 HC，喷入尾气中的柴油直接蒸发的气态 HC，以及柴油经部分催化重整、氧化裂解等反应后生成的小分子 HC。HC-SCR 的优点在于可以直接使用柴油作为燃料，降低了基础设施的投资。因此，若使用 HC-SCR 技术，车辆可在不需外加还原剂的情况下达到净化 $NO_x$ 的目的，极大地精简了柴油车的后处理系统,如此可以说 HC-SCR 技术是最佳的柴油机尾气 $NO_x$ 净化技术。但是，一直以来 HC-SCR 系统的 $NO_x$ 净化效率显著低于 $NH_3$-SCR 系统，且 HC-SCR

催化剂还存在反应温度窗口窄、极易积炭堵塞催化剂孔道和抗硫性差等缺点，故其应用受到极大影响。

### 4.3.2　HC-SCR 催化剂种类

HC-SCR 催化剂主要包括三大类：第一类是贵金属催化剂，以 Pt、Pd、Rh 和 Au 等贵金属为活性组分，负载在沸石分子筛、$Al_2O_3$、$SiO_2$、$ZrO_2$ 和 $TiO_2$ 等载体上。第二类是非贵金属催化剂：具有固体酸特性或酸处理后的单一氧化物，如 $Al_2O_3$、$SiO_2$、$ZrO_2$ 和 $TiO_2$；具有固体酸、碱特性的二元氧化物，如 $Al_2O_3$、$SiO_2$、$ZrO_2$、$TiO_2$、$Cr_2O_3$、$Co_3O_4$、$Fe_2O_3$、$CuO$、$V_2O_5$ 和 $MgO$ 等相互组成的二元氧化物；Co、Cu、Mn、Fe 和 Ni 等负载在 $Al_2O_3$ 上的负载型氧化物；$LaAlO_3$ 等稀土钙钛矿复合金属氧化物。第三类是金属离子交换的分子筛催化剂，分子筛有 ZSM 系列、丝光沸石、镁碱沸石、SAPO 系列、Y 型分子筛和 L 型分子筛等，金属有 Cr、Mn、Fe、Co、Ni、Cu、Zn、Ce 和 Ag 等。

### 4.3.3　HC-SCR 反应

在 HC-SCR 反应中，HC 的部分氧化对催化活性尤为重要。其中，不饱和烃类和多碳烃类易被部分氧化，且烃类的不饱和程度越高，活性越高；对于多碳烃类，含碳原子数量越多活性越高。例如，烯烃和炔烃等烃类比相同碳原子数量的烷烃在中温下更易发生部分氧化生成中间产物，从而具有更高的 HC-SCR 活性。通常认为不同碳氢化合物的 HC-SCR 活性高低顺序为：烯烃/炔烃＞正构烷烃＞芳香烃＞异构烷烃。

此外，不同类型催化剂的 HC-SCR 性能差异较大。贵金属（不包括 Ag）分子筛 HC-SCR 催化剂获得最大 $NO_x$ 转化率的温度明显低于非贵金属分子筛催化剂；Pt 基分子筛催化剂具有较强的抗水抗硫性，但容易生成大量的 $N_2O$；Pd 基分子筛催化剂主要用于 $CH_4$-SCR 反应，但该类催化剂对 $H_2O$ 和 $SO_2$ 十分敏感，需要对其进行改性来提高其抗水抗硫性能。

## 4.4　氨/尿素选择性催化还原 $NO_x$ 技术

### 4.4.1　柴油机 $NH_3$-SCR 系统组成

1. $NH_3$-SCR 功能/原理设计

图 4-4 是由尿素或 $NH_3$ 作为还原剂的氨选择性催化还原系统的主要部件布局

图。主要部件包括含 SCR 催化剂的部件（⑤）、尿素罐（⑧）、尿素泵（⑨）、不同传感器（⑩、⑪、⑫、⑬）及硬件和软件的单元控制系统（⑭、⑮）。

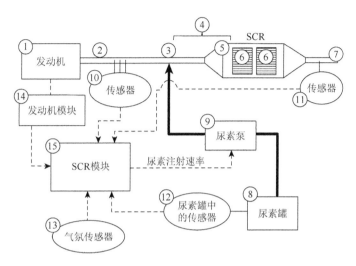

图 4-4 移动源 SCR 系统安装布局图

来自柴油发动机①的尾气直接通过尾气管②进入含 SCR 催化剂的部件（⑤）。SCR 催化剂（⑥）通常安装在消音器的内部，因此，部件⑤同时具有 SCR 催化剂（⑥）和减少发动机噪声的功能。为了尽可能保持 SCR 反应的高反应温度，应尽可能缩小发动机排气出口与 SCR 催化剂入口之间的距离。由于车辆的布局限制，上述情况难以实现，因为尾气管可能被隔离。尿素溶液储存于安装在车上的尿素罐中。罐体尺寸可以根据车辆的特殊需要而有所不同，其与柴油罐的尺寸可能不同，普通尿素罐的尺寸为 50～150L。尿素通过尿素泵进入尾气中。在尿素进入排气管时，尿素溶液经泵喷射形成约 20μm 的小液滴进入尾气。喷射的尿素液滴在热尾气中分解成氨。水首先从尿素液滴中蒸发，然后固体尿素经由式（4-1）和式（4-2）分解成 NH$_3$。

$$NH_2—CO—NH_2 \longrightarrow HNCO(g) + NH_3(g) \qquad (4-1)$$

$$HNCO + H_2O \longrightarrow NH_3(g) + CO_2(g) \qquad (4-2)$$

尿素液滴与尾气进行混合，并通过式（4-1）和式（4-2）在图 4-4 最终的尿素混合区（④）分解。如此，尿素混合区（④）与含 SCR 催化剂的部件进行集成，尿素注射点（③）处于 SCR 单元的入口处。尿素混合区的设计需确保尿素注射点到整体式 SCR 催化剂单元入口具有足够的停留时间或长度，以使尿素充分分解。此外，还需要进行计算流体力学（computational fluid dynamics，CFD）分析，以确保 NO$_x$ 和 NH$_3$ 均匀混合进入整体式 SCR 催化剂单元。当混合气进入整体式 SCR 催化剂单元时，

$NO_x$ 和 $NH_3$ 进行 SCR 反应 [式（4-3）～式（4-5）]。来自柴油发动机的 $NO_x$，其中 90%是 NO。这意味着只有 NO 的反应 [式（4-3）] 是最重要的。

$$4NO + 4NH_3 + O_2 \longrightarrow 4N_2 + 6H_2O \tag{4-3}$$

$$NO + NO_2 + 2NH_3 \longrightarrow 2N_2 + 3H_2O \tag{4-4}$$

$$6NO_2 + 8NH_3 \longrightarrow 7N_2 + 12H_2O \tag{4-5}$$

为了获得高 $NO_x$ 转化率并避免 $NH_3$ 从尾气中泄漏，需要合适的尿素喷射速率。图 4-5 表明了在稳态条件下，氨氮比（ANR）对 $NO_x$ 转化率和 $NH_3$ 泄漏的影响[17]。ANR = 1 定义为通入的 $NO_x$（g/s）100%转化所需尿素溶液的理论流量（g/s）。对于式（4-3）需要 32.5%尿素浓度的 ANR：

$$ANR \approx 尿素流量(g/s)/[2 \times NO_x 流量(g/s)]$$

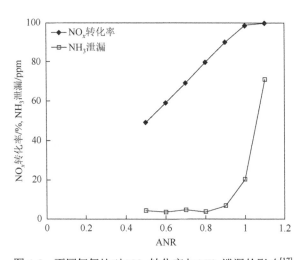

图 4-5　不同氨氮比对 $NO_x$ 转化率与 $NH_3$ 泄漏的影响[17]

从图 4-5 中可以看出，在低 ANR 时，$NH_3$ 基本不泄漏，$NO_x$ 转化率与 ANR 成正比。在更高的 ANR（接近 1）时，随着 $NO_x$ 转化率达 100%，$NH_3$ 泄漏迅速增加。为了降低尾气出口中的 $NH_3$ 泄漏量，需降低 ANR，这限制了 $NO_x$ 的高转化。通过在 SCR 催化剂之后添加氨泄漏催化剂（ammonia slip catalyst，ASC），在确保可以降低 $NH_3$ 泄漏的同时，允许通入在控制范围内额外的 $NH_3$[17]。

2. $NH_3$-SCR 催化剂的发展历程

自 20 世纪 70～80 年代提出第一部排放控制标准以来，催化剂被广泛应用于维持甚至有效降低发动机燃烧排放的有害污染物。由于汽油车排放的尾气中氧化剂和还原剂的量相当，贵金属（如 Pt、Pd、Rh）具有较高的活性，因此可以直接用于氧化 CO 和 HC 并还原 $NO_x$。利用平衡来推动这些反应的进行，同时产生热力学上更容易生成的 $CO_2$、$H_2O$ 和 $N_2$。但是这些催化剂只有在尾气处于或接近化学计量比条件时才能正常工作，因此汽油车制造商开始设计发动机控制系统来调控化学计量的空燃比，以优化催化剂的性能，减少污染物排放。考虑到燃油成本的提高和未来二氧化碳排放标准的严格，更加节能车辆的需求促使汽车制造商研究出更有效的燃烧方法，如稀薄燃烧汽油，或生产更多高效柴油车。

柴油车尾气（移动源）和火电厂废气（固定源）主要是通过稀燃条件生成的，即存在过剩的 $O_2$。与化学计量比条件相比，稀燃条件更利于高效燃烧，更易发生 CO 和 HC 氧化，但这使 $NO_x$ 的催化还原更具挑战。随着排放标准的日益严格，柴油车界一直都在应对这个挑战。降低稀燃发动机 $NO_x$ 排放主要有以下三种技术：LNT、LNC 和 $NH_3$-SCR，其中 $NH_3$-SCR 的应用最广泛。

自 20 世纪 60 年代以来，火电厂一直使用 $NH_3$-SCR 技术净化废气中的 $NO_x$，工厂的废气排放量稳定，能够引入气态的 $NH_3$，使催化剂只需在一个非常窄的温度窗口内高效运行，而且很容易进行清洁，不会受到空间的限制。综合上述因素，将廉价的钒氧化物和钨氧化物负载于钛上制备的钒基催化剂仍是当前最主要的固定源 $NH_3$-SCR 催化剂。固定源用的钒基催化剂经过多次性能改进提高后，成为第一代柴油车 $NH_3$-SCR 催化剂，我国的国Ⅳ和国Ⅴ排放阶段的柴油车均使用钒基催化剂净化尾气 $NO_x$，但该类催化剂热稳定性有限，且活性组分 $V_2O_5$ 在高温下易挥发，具有生物毒性。

第二代成功商业化的 $NH_3$-SCR 催化剂是金属离子交换的分子筛催化剂，活性组分主要是铜和铁。这些分子筛催化剂极具吸引力，因为它们不需要贵金属，且具有高抗硫性，并且在很宽的温度范围内具有高 SCR 性能。Cu 和 Fe 交换的分子筛催化剂已经被广泛研究，虽已认识其大部分的化学性质和功能，但其具体 SCR 机理仍正在研究中。与之前讨论的钒基催化剂相比，这些催化剂具有高水热稳定性，因此成为商用柴油车的主要 $NH_3$-SCR 催化剂。但是稳定性仍然是一个重要的问题，主要是在水蒸气存在下的高温稳定性。由于柴油颗粒捕集器（DPF）会在 $600\sim700℃$（瞬时温度可高达 800℃）进行再生，释放大量的热，导致位于 DPF 出口的 SCR 催化剂床层温度骤增，SCR 催化剂失活。

Fe 基和 Cu 基分子筛主要的不同之处在于还原 $NO_x$ 的有效温度窗口：Fe 基分子筛通常在较高温度时具有较高的 $NO_x$ 转化率，而 Cu 基分子筛具有较好的低温 SCR 活性。对包括 MOR、FER、BEA、ZSM-5、SSZ-13、SAPO-34 在内的大量分子筛做了 SCR 研究，这些分子筛的结构和组成影响了催化剂的不同性质，包括 $NO_x$ 的还原活性、$NH_3$ 的储存能力和稳定性。与其他分子筛相比，BEA 和具有菱沸石结构（SSZ-13 或 SAPO-34）的分子筛具有更好的水热稳定性，现已商业化。

但是由于钒基催化剂中 $V_2O_5$ 的生物毒性和高温不稳定性、分子筛 $NH_3$-SCR 催化剂的成本问题，科研界和工业界一直在进行环境友好的非钒基氧化物 $NH_3$-SCR 催化剂的研究，当前仍处于研究阶段。下面将分别介绍这三类 $NH_3$-SCR 催化剂。

## 4.4.2 钒基 $NH_3$-SCR 催化剂

### 1. 钒基催化剂的研究现状

钒基催化剂是以 $V_2O_5$ 作为活性组分。$V_2O_5$ 通常与 $WO_3$ 一起浸渍在锐钛矿型 $TiO_2$ 载体上，以稳定 $V_2O_5$ 并增加热稳定性。典型组成是 1%～3%（质量分数，下同）$V_2O_5$ 和 10% $WO_3$ 负载在 $TiO_2$ 载体上。钒基催化剂具有良好的中温活性，在 300～450℃温度范围内的 $NO_x$ 转化率高达 90%以上。$TiO_2$ 作为常用的钒基催化剂载体具有较强的抗硫性，适用于高硫含量的尾气 $NO_x$ 净化。作为目前应用最为成熟的商用 SCR 催化剂，世界各国的科研工作者对 $V_2O_5$-$WO_3$/$TiO_2$ 催化剂的研究一直保持着热情，随着科学的进步、科研工具的更新和表征技术的快速发展，许多新的观点也被相继提出，对于该催化剂的了解也更加深入。该催化剂的 SCR 性能在很大程度上依赖于作为活性组分的 $VO_x$ 的化学形态。负载型催化剂表面的钒物种主要有单分子态、聚合态及结晶态三种形式；组分的负载量、催化剂制备方法、载体的性质、助剂的种类及含量、组分与载体间的相互作用等都能够直接影响 $VO_x$ 的化学状态。而不同存在形态的 $VO_x$ 能够直接影响催化剂的物理化学性质，从而影响催化活性。有报道明确指出，聚合态的 $VO_x$ 的反应活性是单分子态 $VO_x$ 的 10 倍[18]，其原因主要是由于聚合态 $VO_x$ 具有更高的 NO 氧化能力[19]，从而有助于快速 SCR 反应的进行，提高 SCR 活性。也有文献指出，载体的性质也会受到 $VO_x$ 的化学状态的影响。Reddy 等[20, 21]对 $V_2O_5$-$Al_2O_3$/$TiO_2$ 催化剂进行研究后发现焙烧过程中 $TiO_2$ 相变过程受到体相 $VO_x$ 浓度的影响。

对于传统的 $V_2O_5$/$TiO_2$ 催化剂而言，当表面 $VO_x$ 的含量较低时，钒物种主要以高度扭曲的孤立的四面体形态存在于载体表面，随着表面 $VO_x$ 含量的增加，二维低聚态或聚合态钒物种的含量会慢慢增加，当 $VO_x$ 的含量超过某阈值时，结晶态 $V_2O_5$ 颗粒就会生成[22, 23]，而结晶态的 $VO_x$ 的 SCR 活性较差，因此制备钒基催化剂时，对催化剂制备方法的研究，尤其是负载量与 $VO_x$ 的化学状态的关系，一直是研究焦点。为了获得最佳催化活性，有效的方法就是控制组分在载体表面的覆盖率接近其最大单层分散阈，有学者通过理论计算得出 $V_2O_5$ 在 $TiO_2$ 表面的理论最大单分子层表面覆盖率为 10.4～12.7μmol/m$^{2[24, 25]}$；Briand 等[26]发现当载体表面被 $VO_x$ 完全覆盖后，三维的钒物种才会形成。由于制备方法和载体性质的差异，实际应用中单层分散阈和理论计算差异较大，因此催化剂表面 $VO_x$ 的负载量影响催化剂的物理化学性质。

对于钒基催化剂，助剂的组成、含量及存在状态均会影响钒的化学状态，进而影响催化剂的物理化学性质。Wang 等[27]发现，对于 $V_2O_5$-$WO_3$/$TiO_2$ 催化剂，$WO_3$ 的分散状态显著影响 $V_2O_5$ 的化学状态，在低 $V_2O_5$ 负载量时，处于无定形扭曲状态的 $WO_3$ 能够促进二维钒物种的分散；随着 $V_2O_5$ 负载量的增加，$WO_3$ 会抑制钒物种的分散，导致 $VO_x$ 的团聚。除了助剂的影响，钒物种的氧化还原态的组成也会影响载体表面 $VO_x$ 的存在状态。$VO_x$ 的存在状态对催化剂的表面酸性具有重要影响。在 $V_2O_5$-$WO_3$/$TiO_2$ 催化剂中，钒物种主要以四面体单体和聚合态钒酸盐形式存在，且钒酸盐的含量会随着表面钨含量的增加而增加[28]。当 $VO_x$ 负载量较低时，$V_2O_5$-$WO_3$/$TiO_2$ 催化剂中的钒物种主要以单分子态的 $V_2O_5$ 形式存在，而 $WO_3$ 则以单分子态的 $WO_3$ 和聚合态的 $W_xO_y$ 形式存在；随着 $VO_x$ 含量的增加，聚合态钒酸盐开始生成，同时，分散在 $W_xO_y$ 上的 $V_2O_5$ 可与 W—O—W 键在载体表面偶合形成 $W_xV_yO_z$，$W_xV_yO_z$ 中 V 与 W 之间会产生强烈的电子相互作用，诱导产生大量的酸性位点，促进 $NH_3$ 的吸附和活化，从而改善催化剂的 SCR 活性[29, 30]。

近年，为了克服钒基催化剂的一些缺点，对该催化剂进行了大量改性研究，主要可归结为对制备方法的优化、改进载体材料和助剂改性三类。由于 $V_2O_5$/$TiO_2$ 催化剂的催化活性高度依赖于 $V_2O_5$ 的分散度，而载体和活性组分的相互作用对 $V_2O_5$ 分散度有直接的影响，因此钒基催化剂的催化性能与制备方法直接相关。优化钒基催化剂的制备方法一直是研究热点。采用溶胶凝胶法一次性制备的 $V_2O_5$-$SiO_2$/$TiO_2$ 催化剂具有高比表面积和大孔容孔径，且可明显提高水热稳定性[31-33]。对比传统浸渍法制备的 $V_2O_5$/$TiO_2$ 催化剂，Georgiadou 等[34]采用均匀沉淀过滤（equilibrium deposition filtration，EDF）法，可明显提高载体与组分的相互作用，催化活性和 $N_2$ 选择性也有比较明显的提升。此外，还可采用一步非水解溶胶凝胶法制备 $V_2O_5$/$TiO_2$ 中孔气凝胶[35]。

改进载体材料以促进活性组分的高度分散，从而提升催化活性。Gao 等采用 $TiO_2$ 微球代替传统钒基催化剂中的载体 P25-$TiO_2$，并以 $Fe_2O_3$ 作为助剂，制备了 $V_2O_5$-$WO_3$/$Fe_2O_3$/$TiO_2$ 微球催化剂，$Fe_2O_3$ 的添加能够明显增强催化剂的酸性和可还原性氧的移动性，催化剂的 NO 氧化能力也明显增强[36]。此外，笔者课题组以共沉淀法制备高纯度纳米棒 $FeVO_4$，制备的 $FeVO_4$/$TiO_2$ 催化剂在 200℃时，对 NO 的转化率达 62%，反应窗口为 225～510℃，更有效地解决了 $VO_x$ 挥发失活和污染环境的国际性技术难题，目前该系列催化剂已经成功应用于柴油车尾气净化[37, 38]。采用化学气相沉积法合成得到 $TiO_2$ 纳米颗粒作为载体制备的 $V_2O_5$/$TiO_2$ 催化剂，比传统 $V_2O_5$/P25-$TiO_2$，显著提高了 $V_2O_5$ 的分散性，并表现出更好的氧化还原性能和酸性，从而具有更高的 SCR 活性[39]。火焰气凝胶法也被用来制备传统的钒基催化剂[40]，该方法制备的载体具有规则的微球结构，有

利于 $V_2O_5$ 在载体微球表面的均匀分散。载体的大比表面积一直是促进活性组分分散的一个重要因素,为了这一目标,一些研究者采用具有大比表面积的碳材料来作为催化剂载体。García-Bordejé 等[41]采用具有大比表面积的活性炭(AC)作为载体,浸渍法制备得到 $V_2O_5$ 催化剂,其表现出非常高的低温催化活性。Boyano 等[42]在研究 $V_2O_5$/AC 催化剂时,利用 $HNO_3$ 溶液预处理活性炭载体对其表面的官能团进行改性,从而促进组分 $V_2O_5$ 在载体上的分散,降低组分负载量,增强催化活性。

此外,在催化剂中添加助剂进行改性是改善催化剂性能的另一重要手段,助剂研究主要集中于提高氧化还原性和表面酸性两方面。稀土元素是提高钒基催化剂性能的主要助剂。Ce 改性不仅能够促进 $V_2O_5$-$ZrO_2$/$WO_3$-$TiO_2$ 催化剂表面的 $Ce^{3+}$ 富集,而且还能改善氧化还原性能,形成更多具有活性的吸附氮物种,有效促进催化反应的进行[43]。此外,Ce 还能够促使 $V_2O_5$/$TiO_2$ 催化剂中发生 $V^{4+} + Ce^{4+} \longrightarrow V^{5+} + Ce^{3+}$ 的电子移动循环,从而改善催化剂的氧化还原性能。另外,Ce 的添加还能够促进 $NO_2$ 和单齿氮物种的生成,从而促进 SCR 反应的进行[44]。研究结果显示[45],Er、Dy、Tb、Gd、Sm、Nd、Pr、Ce、La 等稀土元素和过渡金属氧化物掺杂能够明显抑制 $TiO_2$ 的高温相变,从而明显提高 $V_2O_5$/$TiO_2$-$WO_3$-$SiO_2$ 催化剂的抗水热老化能力。Phil 等发现,Se、Sb、Cu、S、B、Bi、Pb、P 等元素的掺杂也可提高 $V_2O_5$/$TiO_2$ 催化剂的低温抗水抗硫性和水热稳定性,且 Se、Sb、Cu、S 等的掺杂还可以提高催化剂在 150～400℃ 的 SCR 活性[46]。而 Ag 掺杂能够抑制载体 $TiO_2$ 晶粒的生长,增强 $V_2O_5$/$TiO_2$ 催化剂的氧化还原性能,进而改善 NO 氧化能力,提高 SCR 活性[47]。对比 $V_2O_5$/$TiO_2$ 催化剂,杂多酸(heteropolyacid)改性后的 $V_2O_5$/$TiO_2$ 催化剂表现出更好的催化活性,且具有十分优异的抗碱金属中毒能力[48]。另外,多个课题组还对 F 掺杂的 $V_2O_5$-$WO_3$/$TiO_2$ 催化剂进行了深入的研究。F 掺杂能够形成氧空穴,进而增强 $V_2O_5$-$WO_3$/$TiO_2$ 催化剂中 $WO_3$ 和 $TiO_2$ 之间的相互作用,促进 $W^{5+}$ 的形成,进而产生更多超氧离子($O_2^-$),$O_2^-$ 能够加速化学吸附氧物种的形成,促进 NO 氧化反应,进而增强低温催化活性[49]。而 F 掺杂进 $V_2O_5$/$TiO_2$ 催化剂所形成的氧空穴,可增强 V 物种和 $TiO_2$ 之间的相互作用,有利于还原态 V 物种的形成,而还原态 V 物种充当着 $O_2^-$ 的活性中心,进而促进 NO 氧化反应的发生[50]。此外,S 掺杂同样可以促进 $V_2O_5$/$TiO_2$ 催化剂中氧空穴的形成,提高催化剂的氧化还原性能,进而改善催化活性[51]。

综上所述,随着研究者对钒基催化剂的不断研究,其催化活性也被进一步提升。目前,钒基催化剂的低温性能限制了其在更高排放标准的柴油车 SCR 上的商业应用,但其所表现出的 SCR 性能和低成本优势决定了其在 $NH_3$-SCR 催化剂领域中仍然具有十分重要的地位。

**2. 钒基催化剂 NH$_3$-SCR 反应机理**

对于钒基催化剂 NH$_3$-SCR 催化反应机理目前仍存在争议,这可能与反应温度及水的存在对选择性的影响有关[52]。Ciardelli 等[53, 54]认为,在 NO、NO$_2$、NH$_3$ 和 O$_2$ 存在下 V-W-Ti 催化剂中发生的反应,其具体的反应过程如下:

$$2NH_3 + 2NO_2 \longrightarrow N_2 + NH_4NO_3 + H_2O \qquad (4\text{-}6)$$

$$NH_4NO_3 \longrightarrow NH_3 + HNO_3 \qquad (4\text{-}7)$$

$$NH_4NO_3 \longrightarrow N_2O + 2H_2O \qquad (4\text{-}8)$$

$$NH_4NO_3 + NO \longrightarrow N_2 + NO_2 + 2H_2O \qquad (4\text{-}9)$$

上述反应很好地解释了低温 SCR 反应中快速 SCR 反应快于标准 SCR 反应的原因:当同时存在 NO$_2$ 和 HNO$_3$ 时,V 活性中心的重新氧化速率会得到较快的提升。并且指出 NO$_2$ 并不能直接参与 V 活性中心的再氧化反应过程,而是以形成 NH$_4$NO$_2$ 的形式参与该反应,反应后 NH$_4$NO$_2$ 会被还原成 N$_2$ 和 H$_2$O。

$$2NO_2 \longrightarrow N_2O_4 \qquad (4\text{-}10)$$

$$N_2O_4 + H_2O \longrightarrow HONO + HNO_3 \qquad (4\text{-}11)$$

$$HONO + NH_3 \longrightarrow NH_4NO_2 \qquad (4\text{-}12)$$

$$HNO_3 + NH_3 \longrightarrow NH_4NO_3 \qquad (4\text{-}13)$$

$$NH_4NO_2 \longrightarrow N_2 + 2H_2O \qquad (4\text{-}14)$$

Nova 等[53, 55]则认为对于 V$_2$O$_5$-WO$_3$/TiO$_2$ 在低温条件下的快速 SCR 反应而言,中间产物 NH$_4$NO$_3$ 的生成具有十分重要的意义,图 4-6 简单地描述了该机制。

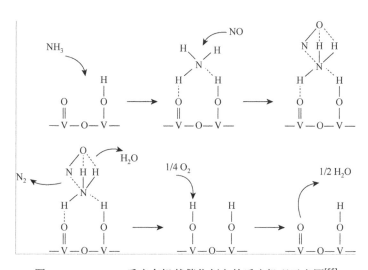

图 4-6　NH$_3$-SCR 反应在钒基催化剂上的反应机理示意图[55]

　　采用瞬态反应测试技术,在低温条件下对 $V_2O_5$-$WO_3$/$TiO_2$ 催化剂的反应机理进行了研究,表明氧化还原能力是快速 SCR 反应比标准 SCR 反应速率更快的一个重要决定因素。这是因为钒位点在 NO 和 $NH_3$ 的反应过程中被还原,气体中的 $O_2$ 和在其他非还原氧化物表面发生 $NO_2$ 歧化反应产生的硝酸盐都能够再次氧化处于还原态的钒位点,使其发生下一个氧化还原循环[56]。

### 3. 钒基催化剂失活

　　钒基催化剂的失活主要来自热老化、硫中毒和碱金属/碱土金属中毒。

#### 1）热老化

　　钒基催化剂暴露于高温会导致催化剂热失活,是因为热处理后 $TiO_2$ 发生相变使比表面积下降。$V_2O_5$ 促进锐钛矿相 $TiO_2$ 的烧结,在较高温度下使高比表面积锐钛矿相向低比表面积金红石相转变[56,57]。此外,高温处理后钒基催化剂的 $NO_x$ 转化率大大降低的另一原因是钒氧化物从 SCR 催化剂中挥发。研究表明[58],750℃ 热处理 1h 后,小部分的钒氧化物从 $V_2O_5$-$WO_3$/$TiO_2$ 中损失。但也有实验表明,在 690℃($V_2O_5$ 熔点)$<T<$1000℃ 条件下对 $V_2O_5$-$WO_3$/$TiO_2$ 进行热处理,并未检测到钒的信号,其活性降低是由于 $V_2O_5$ 颗粒烧结[59]。

#### 2）硫中毒

　　钒基 SCR 催化剂体系的高抗硫性主要归因于 $TiO_2$ 载体硫酸化程度非常弱而且是可逆的[60]。但在低温条件下,由于硫酸盐阻塞催化剂孔道,且生成的硫酸盐会覆盖 SCR 催化剂的表面活性中心,使用高硫燃料时,钒基 SCR 催化剂将失活[56,57]。因为在适当的 $NH_3$ 和 $SO_2$ 浓度下,在 250～320℃ 即可生成硫酸铵。但硫酸铵的形成是可逆过程,并且在温度高于约 350℃ 时会发生分解。如图 4-7 所示,在 350℃ 下运行 60min 后,催化剂活性几乎恢复到初始值,在 400℃ 下运行 40min 后,完全恢复至初始活性。

#### 3）碱金属/碱土金属中毒

　　碱金属是已知的钒基 SCR 催化剂的毒物之一。研究发现钾的存在对钒基催化剂的 SCR 性能影响非常严重,仅 1%(质量分数)的 K 可使 $NO_x$ 转化活性完全或几乎完全丧失,这是因为生成了钒酸钾[61,62]。虽然 Ca 对钒基 SCR 催化剂的影响低于 K,但当 Ca 存在时,SCR 活性仍下降了 40%。但若 $SO_2$ 与 Ca 同时存在,由于 $CaSO_4$ 的形成,则 Ca 对 $NO_x$ 转化率的影响将较小[62]。Mg 也会导致 $NO_x$ 转化率显著降低,但与 Ca 和 K 相比降低得较少。同时,碱金属和碱土金属中毒还将导致钒基催化剂的表面酸性大大降低,从而使 $NH_3$ 吸附能力丧失[62,63]。研究表明[64],所有碱金属均可使 $V_2O_5$/$TiO_2$ 催化剂中毒,中毒的强度与碱性强弱一致,Cs 具有最大中毒影响:Cs＞Rb＞K＞Na＞Li。而碱土金属 Ca 对钒基催化剂的中毒影响弱于所有碱金属。碱金属和碱土金属对钒基催化剂的中毒作用顺序如下:Cs＞Rb＞K＞Na＞Li＞Ca＞Mg。

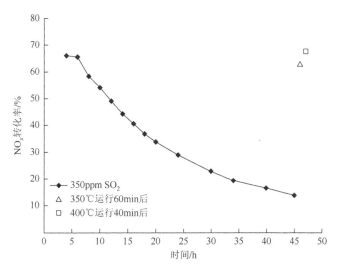

图 4-7　安装钒基催化剂的重型柴油发动机在低温时的 NO$_x$ 转化率随硫化时间的变化及不同温度的热处理情况

## 4.4.3　分子筛 NH$_3$-SCR 催化剂

分子筛的比表面积大，孔道复杂有序，有利于金属物种在其表面和孔道内的分散，也有利于气体分子在孔道内的扩散。为了应对日益严格的排放标准，研究者致力于开发新型 SCR 催化剂。对于移动源而言，催化剂的体积有限，且还需能够抵抗高空速的影响。因此，从 20 世纪 90 年代开始，具有比表面积大、孔道有序等特点的分子筛开始受到关注。其中，以铜/铁离子交换的分子筛催化剂在 SCR 应用中得以成功商业化。与之前讨论的钒基催化剂相比，这些催化剂具有优良的水热稳定性，而且正是这种水热稳定性，使金属交换型分子筛成为商用车辆主要使用的 SCR 催化剂。但是随着排放标准的不断升级，稳定性仍然是一个重要的问题。限制分子筛的关键因素是在水蒸气存在下的高温稳定性。

分子筛的结构和组成影响催化剂的性质，包括 NO$_x$ 的还原活性、NH$_3$ 的储存能力和稳定性。以 ZSM-5、BEA、MOR、USY、SAPO-18、SSZ-13、SAPO-34 和 FAU 等分子筛为载体，以 Cu、Fe、Mn 和 Ce 等为活性组分的分子筛催化剂因具有优异的 NO$_x$ 转化率、高 N$_2$ 选择性和热稳定性，以及无毒等优点而受到越来越多的关注。其中，Fe 基和 Cu 基分子筛是研究热点，主要的不同之处在于它们还原 NO$_x$ 的温度窗口：Fe 基分子筛通常在更高的温度有较高的 NO$_x$ 转化率，而 Cu 基分子筛在低温下更好，并且这两大类催化剂都已实现工业应用，如图 4-8 所示[65]。以下将分别聚焦于 Fe 基分子筛 SCR 系统和 Cu 基分子筛 SCR 系统，并且将会具体介绍其功能和稳定性，同时探讨其失活机理。

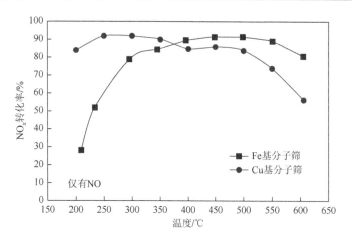

图 4-8　Fe 基分子筛催化剂和 Cu 基分子筛催化剂的 NH₃-SCR 活性对比[65]

### 1. Fe 基分子筛催化剂

Fe 基分子筛催化剂具有较好的中高温 NH₃-SCR 活性、抗硫性和水热稳定性。分子筛的结构和组成对 Fe 基分子筛催化剂的 NH₃-SCR 活性、NH₃ 存储和水热稳定性都有很大的影响。由于分子筛种类较多，不同类型的分子筛表现出不同的 NH₃-SCR 性能。研究发现，Fe/ZSM-5 和 Fe/MOR 的 NH₃-SCR 活性远高于 Fe/Y 及 Fe/MCM-14（ZSM-5、MOR、Y 及 MCM-14 的平均孔径分别为 0.5nm、0.6nm、1.1nm、4.3nm），且 Fe/BEA 的 NH₃-SCR 活性要远优于 Fe/MFI 和 Fe/MOR[66,67]。从现在普遍的结果来看，Fe/MFI（Fe/ZSM-5）以及 Fe/BEA（Fe/beta）催化剂在活性和水热稳定性方面相较其他分子筛具有优势，因此对这两种 Fe 基分子筛催化剂的研究也最多。分子筛骨架的 Si/Al（物质的量比，下同）直接影响到酸性及活性组分在表面的分散性。因为分子筛催化剂的 Brønsted 酸（简称 B 酸）位主要由分子筛 Si—O(H)—Al 位提供，而从反应的机理上来说，NH₃ 在催化剂上的吸附主要以 NH₄⁺ 的形式吸附在 Brønsted 酸位上，随后参与到 SCR 反应中。相继有研究发现 Brønsted 酸位对分子筛催化剂的 NH₃-SCR 活性并不起决定性作用，但是其影响了 Fe 物种在分子筛表面的分散性[68,69]。而 Fe 基分子筛的高活性主要受到 Fe 物种及 Brønsted 酸两方面的影响。下面主要集中对 Fe 基分子筛 SCR 催化剂的制备方法、水热老化过程、助剂影响、活性中心、动力学和反应机理等方面的研究进行介绍。

1）Fe 基分子筛催化剂的制备方法和活性

Fe 基分子筛催化剂的性能与其制备的方式密切相关。对比化学气相沉积（CVD）法、浸渍（Imp）法和固态离子交换（SSIE）法制备的不同 Fe 含量的 Fe/ZSM-5，结果发现 CVD 法要明显优于其他两种方法，其活性顺序为 CVD 法＞SSIE 法＞Imp

法；而且，制备方式对活性的影响甚至比 Fe 含量的影响更大[70]。Brandenberger 等[71]总结了 Fe/ZSM-5 催化剂的制备方法、Fe 的负载量与活性的关系（图 4-9）。CVD 法可以制备出具有高 Fe 含量的催化剂，在 300℃时，速率常数 $k$ 值随着 Fe 含量的增加而增加；在 450℃时，速率常数 $k$ 的值随着 Fe 含量的增加而先增加后下降。对比相同 Fe 含量的催化剂可以发现，用 CVD 法制备催化剂的转换频率（turnover frequency，TOF）值相对较大，所以 CVD 法广泛应用于 Fe 基分子筛催化剂的制备。从以上结果来看，同样对于 Fe/ZSM-5，不同研究团队得到的结果却不尽相同，由此可知，制备方式同样并不是影响 Fe/ZSM-5 活性的决定性因素。不同制备方法实质上影响的是 Fe 物种的微观结构，因此 Fe 物种在分子筛表面存在的状态才是催化剂活性的决定因素。

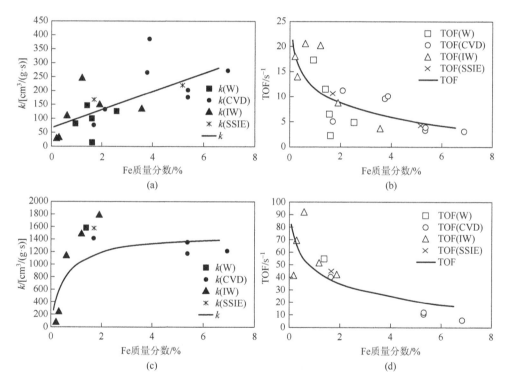

图 4-9　在 NO/NH$_3$=1 的条件下，制备方法与 Fe/ZSM-5 一级反应速率常数和 TOF 的关系图[71]

（a）300℃下的 $k$ 值；（b）300℃下的 TOF 值；（c）450℃下的 $k$ 值；（d）450℃下的 TOF 值；
W：常规液态离子交换法；IW：改进的离子交换法

2）Fe 基分子筛催化剂的活性中心

有关于 Fe 基分子筛催化剂的活性中心的报道相当多，但是直到现在也没有一个确定的结论。不过，一般认为在 NH$_3$-SCR 反应中，Fe 主要起到将 NO 氧化为

$NO_2$ 或中间产物的作用。Fe 在分子筛表面存在的形式比较复杂，很难将每一物种单独区分出来讨论其对活性的贡献。在分子筛表面的 Fe 主要以 $Fe_xO_y$ 簇、$[HO-Fe-O-Fe-OH]^{2+}$ 及孤立 $Fe^{3+}/Fe^{2+}$ 的形式存在。在一些极端条件下还有可能出现 $Fe-O-Al$ 物种。研究表明，孤立 $Fe^{3+}$ 是 Fe/BEA 催化剂的活性物种，并且 NO 氧化成 $NO_2$ 的步骤是 $NH_3$-SCR 的速控步骤，但孤立 $Fe^{3+}$ 的数量与催化剂的活性并不呈绝对的正比关系，也就是说存在其他的活性物种[72]。Liu 等也对 Fe/BEA 的活性物种做了研究，他们采用离子交换法制备了几组极低 Fe 含量（质量分数为 0.17%~0.52%）的 Fe/BEA 催化剂，将 Fe/BEA 催化剂的孤立 $Fe^{3+}$ 及低聚 $Fe_xO_y$ 簇进行了简易但有效的区分，通过 UV-Vis 和 *in-situ* EPR（原位电子自旋共振）等表征并利用 TOF 等计算建立了各 Fe 物种与 $NO_x$ 转化率之间的关系，发现孤立 $Fe^{3+}$ 是 Fe/BEA 催化剂的 $NH_3$-SCR 活性中心，而低聚 Fe 物种则是 $NH_3$ 氧化的活性中心[73]。另外，Brandenberger 等对不同 Fe 物种进行了系统的讨论，通过将 Fe/ZSM-5 中的不同 Fe 物种（孤立 $Fe^{3+}$、二聚 Fe 物种、低聚 Fe 簇及 $Fe_2O_3$ 颗粒）与 $NO_x$ 之间的反应速率（单个 Fe 物种粒子的转换频率，TOF）建立关系后，发现催化剂在 <300℃ 下的活性中心主要是孤立 $Fe^{3+}$，而在 300~400℃、400~500℃ 及 >500℃ 的主要活性中心分别为二聚 Fe 物种、低聚 Fe 簇及表面 $Fe_2O_3$[74]。Shwan 等[75]通过研究也认为在 Fe/BEA 中孤立 $Fe^{3+}$ 是主要的低温活性物种，而二聚 Fe 物种不仅是高温活性物种而且是 $NH_3$ 氧化物种，而 $Fe_2O_3$ 颗粒则是主要的 NO 氧化物种，有利于快速 $NH_3$-SCR 反应，B 酸则主要起到存储 $NH_3$ 的作用（图 4-10）。由此可见，很可能所有的 Fe 物种都是 $NH_3$-SCR 反应的活性物种。

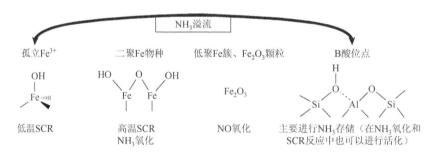

图 4-10　Fe/BEA 的各 Fe 物种具体功能图[75]

3）Fe 基分子筛催化剂的水热老化性能

在实际应用中，尤其是欧Ⅵ（国Ⅵ）SCR 装置前端安装 DPF，在 DPF 喷油再生的过程中会产生瞬间的高温。由于柴油车尾气中始终存在一定含量（体积分数约 10%）的 $H_2O$，这就对催化剂的高温水热稳定性提出了要求。在实验室中，常用不同条件的水热老化过程来模拟催化剂的行驶里程。影响 Fe 基分子筛催化剂水热稳定性的因素主要有分子筛结构、铁的含量、Si/Al 和结晶度。一般来讲，长时间的高温水热环境会对催化剂的 $NH_3$-SCR 性能产生较大的影响。不同结构分子筛催化剂水热老化后的 $NH_3$-SCR 活性顺序为 Fe/MFI＞Fe/BEA＞Fe/FER＞Fe/LTL＞Fe/MOR 催化剂；Si/Al 主要影响催化剂的新鲜活性，虽然随着 Si/Al 的增加催化剂的结构稳定性增强，但是与催化剂的水热稳定性没有直接关系；而分子筛的晶粒大小和催化剂的水热稳定性直接相关，催化剂具有更大的晶粒时表现出更好的水热稳定性；此外，Fe/BEA 催化剂比 Fe/ZSM-5 催化剂表现出更优的 SCR 活性和水热稳定性[76]。分子筛是由硅氧四面体和铝氧四面体按照一定的拓扑结构排列而成的，在硅铝分子筛中存在两种键，一种是 Si—O—Si 键，另外一种是 Si—O(H)—Al 键，其中 Si—O—Si 键比 Si—O(H)—Al 键更稳定。

Fe 基分子筛催化剂的老化过程可能存在两个变化，一个是活性中心的变化，另外一个是载体结构的变化。水热老化对分子筛（这里只讨论硅铝分子筛，其他分子筛依此类推）催化剂的影响主要体现在三个方面[77-79]：一是分子筛水解脱铝，导致骨架坍塌，比表面积下降，活性组分被包埋等；二是随着骨架的坍塌，其酸量大量下降，影响对反应物分子的吸附；三是离子交换位的 Si—O—Al 键断裂会导致原本离子交换在该位置的金属离子脱落从而发生团聚。对于硅铝分子筛，其骨架存在 Si—(O)H—Al 键和 Si—O—Si 键，Si—O—Si 键的稳定性优于 Si—(O)H—Al 键，在水热条件下，Si—(O)H—Al 键由于受到水分子的攻击而发生断裂。而 Si—(O)H—Al 键是分子筛 Brønsted 酸的供体及金属离子的交换位，因此，Si—(O)H—Al 键的断裂会导致酸量的下降，并且离子交换位的 Si—O—Al 键断裂会导致原本离子交换在该位置的金属离子脱落从而发生团聚。活性组分的团聚又包括两个方面：一是脱铝导致原来处于离子交换位的 $Fe^{3+}$/$Fe^{2+}$发生脱落后与其他 Fe 物种（或相互之间）团聚成大粒子的 Fe 氧化物种，二是原本在催化剂表面的 Fe 氧化物种发生聚集，团聚成大粒子的 Fe 氧化物种。关于这个方面的内容，Brandenberger 等[80]做了详尽的讨论（图 4-11），认为 Fe/ZSM-5 在水热老化过程中同时存在三个过程：①Si—(O)H—Al 键快速脱铝；②二聚 Fe 物种从分子筛表面迅速脱落；③脱铝位置的孤立 $Fe^{3+}$逐渐发生迁移。而且他们还发现，通过 $Fe^{3+}$取代分子筛表面的 Brønsted 酸位，抑制了 Si—(O)H—Al 键的脱铝，有利于提高分子筛骨架的水热稳定性。因此提升 Fe 基分子筛的水热稳定性可以从减少 Brønsted 酸数量和增加不易移动的孤立 $Fe^{3+}$这两个方面开展工作。

近年来，具有 CHA 结构的分子筛由于其水热稳定性高而备受关注，但是对 Fe/CHA 分子筛的研究较少。用传统的离子交换法制备出的 Fe/SSZ-13 催化剂具有较高的水热稳定性和 $N_2$选择性，但是该催化剂受水汽影响较大，低温活性不高。用一步法制备出的 Fe/SAPO-34 表现出较好的高温 SCR 活性，即使到了 800℃仍然有 40%的 $NO_x$转化率，并且该催化剂有很好的水热稳定性，与 Cu/CHA 分子筛组

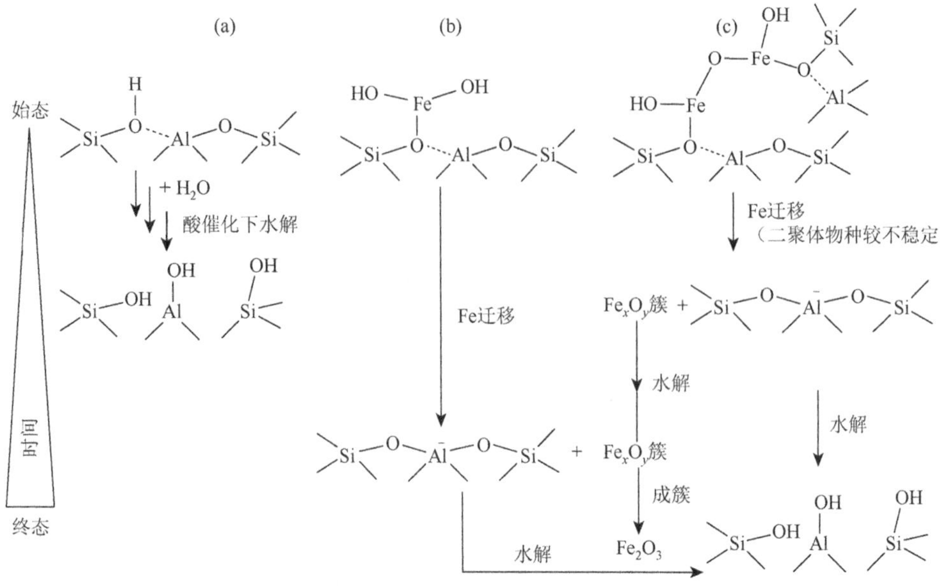

图4-11　水热老化机理包含脱铝、活性物种迁移和聚集[80]

（a）Brønsted酸位老化机理；（b）孤立铁离子位老化机理；（c）二聚铁位老化机理

合制备出具有更宽工作窗口的催化剂[81]。对于 Fe/CHA 的分子筛还需要进一步提升该催化剂的低温活性，进一步探索制备方法对它的影响。

4）Fe 基分子筛催化剂的硫和碳氢化合物中毒影响

催化剂的抗 $SO_2$/HC 中毒性能在实际应用中非常重要，因为在柴油车尾气中这两者是无法避免的。$SO_2$ 对 Fe 基分子筛催化剂的影响不大，主要是生成硫酸盐物种将活性中心覆盖或者造成分子筛的孔道堵塞从而使催化剂活性降低。但是由于 Fe 基催化剂的高效区间主要在 300℃以上，在该温度下，亚硫酸盐或者硫酸盐物种本身不稳定。在 350℃以上，硫酸铵或者硫酸氢铵会发生分解，因此对活性影响不大。另外，在高温（>350℃）下，生成的金属硫酸盐物种提高了催化剂的 Brønsted 酸量，反而有利于其高温 $NH_3$-SCR 活性[82]。随着国家标准的不断提升，燃油中的硫含量不断下降[83]。因此，对于 Fe 基催化剂而言，$SO_2$ 的影响问题并不是很大。

柴油车尾气中存在的 HC 化合物分子能够导致分子筛催化剂逐渐失活。在 $NH_3$-SCR 气氛中通入 $C_3H_6$ 后发现 Fe/BEA 的活性逐渐下降，是因为 $C_3H_6$ 在催化剂表面沉积，抑制了 $NO_2$ 的生成，而 $C_3H_6$ 还使部分 $Fe^{2+}$ 发生了还原，影响了催化剂的氧化还原性能，最终导致催化剂的活性下降[84, 85]。同时，$C_3H_6$ 会堵塞分子筛的孔道，造成比表面积下降。而 $C_3H_6$ 对催化剂的 $NH_3$ 吸附能力影响并不大。

此外，在 NH$_3$-SCR 的气氛中添加 C$_3$H$_6$ 后，C$_3$H$_6$ 会与 NH$_3$ 发生氨氧化反应生成丙烯腈，从而消耗了还原剂 NH$_3$，造成活性下降[86]。

5）Fe 基分子筛催化剂的 NH$_3$-SCR 机理

研究 NH$_3$-SCR 反应在 Fe 基分子筛催化剂上的反应机理可以更清楚地了解反应中各个因素对催化剂性能的影响。对比 Fe/ZSM-5 和 HZSM-5 上的 NH$_3$-SCR 活性，当 NO$_2$/NO$_x$ 为 0 时，在 HZSM-5 上几乎不发生 NH$_3$-SCR 反应，相反地，Fe/ZSM-5 催化剂上表现出很好的 NH$_3$-SCR 活性；但是在 NO/NO$_2$ 为 1∶1 时，氮氧化物在 Fe/ZSM-5 和 HZSM-5 催化剂上的转化率相同，因此认为 Fe 在 NH$_3$-SCR 中的作用是将 NO 转化为 NO$_2$（图 4-12）[87]。生成的 NO$_2$ 吸附在催化剂表面，通过自身缩合及歧化反应生成表面 NO$_2^-$ 和 NO$_3^-$ 物种，NO 可将 NO$_3^-$ 还原成 NO$_2^-$；NH$_3$ 与 NO$_2^-$ 反应生成易分解的 NH$_4$NO$_2$，最终还原为 N$_2$；但低温段过量 NH$_3$ 会抑制 NO$_2^-$ 的还原，降低 NH$_3$-SCR 活性，也说明了 NO$_3^-$ 与 NO 反应生成 NO$_2^-$ 的过程是快速 NH$_3$-SCR 反应的速控步骤[88]。

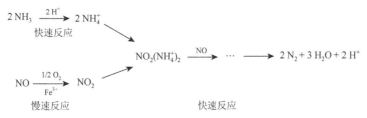

图 4-12　Fe/ZSM-5 催化剂上的标准 NH$_3$-SCR 反应的过程[87]

尽管 Fe 基分子筛催化剂在中高温范围表现出较优异的 NH$_3$-SCR 反应活性，但该类催化剂在低温下的 NH$_3$-SCR 活性并不理想，只能用于尾气温度较高的重型柴油车。并且碳氢化合物中毒对 Fe 基分子筛催化剂有较大的影响，未来还需进一步提升催化剂的抗碳氢化合物中毒性能。随着人们对 Fe 基分子筛催化剂在 NH$_3$-SCR 反应中构效关系、反应机理和催化剂的微结构等研究和认识的不断深入，对于 Fe 基分子筛催化剂制备方法的不断改进，逐步总结和积累有意义的理论与实验结果，对于今后进一步设计制备高活性的 Fe 基分子筛催化剂，尤其是在低温下具有较好 NH$_3$-SCR 活性的 Fe 基分子筛催化剂具有极为重要的指导意义。

2. Cu 基分子筛催化剂

Fe 基分子筛催化剂是具有较好中高温 NH$_3$-SCR 活性的 NH$_3$-SCR 催化剂，Fe 基分子筛催化剂甚至在高于 350℃时比 Cu 基分子筛催化剂有更高的 NO$_x$ 还原性。但是在柴油车发动机常用的 200～300℃的工作区间内，Cu 基分子筛催化剂比 Fe 基分子筛催化剂的 NH$_3$-SCR 活性更高。此外，其低温活性对 NO$_2$/NO$_x$ 比不敏感。Cu 基分子筛催化剂在高温下利用 NH₃ 对 NO$_x$ 的还原作用不如 Fe 基分子筛催化剂,主要是因为在高温时 Cu 基分子筛催化剂容易发生 NH₃ 氧化反应,导致生成 N₂O 等有毒的副产物,同时由于 NH₃ 被消耗以致没有足够的还原剂来还原 NO$_x$。但是通过过量喷射 NH₃ 可以轻易地解决该问题。这些特点使 Cu 基分子筛催化剂成为柴油机 NO$_x$ 排放控制的首选催化剂。早期,人们对 Cu 基分子筛催化剂的研究主要针对中孔和大孔的 10 元环或者 12 元环的分子筛,如 MFI(ZSM-5)、FER(镁碱沸石)、FAU(Y)及 BEA(beta)等分子筛[89, 90],其中 Cu/ZSM-5 和 Cu/BEA 两种分子筛催化剂是被研究得最多的。

Cu 基分子筛催化剂应用在柴油车上的广泛研究始于 2000 年,从美国环境保护署(EPA)出台用于轻型车辆的 Tier2 排放标准及用于轻型和重型柴油车的美国 EPA2007 和 EPA2010 排放标准开始实施[91-95]。对 Cu 基分子筛催化剂的分析表明,其水热失活是由长时间暴露在高温下导致的[96]。因此,需要显著提高 Cu 基分子筛催化剂的水热稳定性才能达到实际应用稳定性的需求。现已发现小孔分子筛负载 Cu 的 NH₃-SCR 催化剂具有改进的热稳定性[97-100]。至少这些催化剂可以在连续 800℃高温下仍保持高的 NO$_x$ 还原性能,甚至可以承受 900℃的短暂高温。此外,Cu 基分子筛催化剂减少了 N₂O 的形成,改进其 N₂ 选择性,同时还具有好的抗 HC 能力。对小孔分子筛负载 Cu 的 NH₃-SCR 催化剂的改进,使它成功地被应用在柴油车上,满足了严格的美国 EPA2010 和欧 V 排放标准(ECE/TRANS/WP 29/2018/51)。下面将讨论 Cu 基分子筛催化剂的化学性质和性能。

1)Cu 基分子筛催化剂的性能

最早是由 Iwamoto 等[101]发现 Cu 基分子筛催化剂可用于 NO$_x$ 净化,Cu/ZSM-5 可催化 NO 分解。该方法可以无需还原剂直接分解 NO 变成 N₂ 和 O₂,但 NO 分解反应速率太慢无法满足实际应用的需求。到了 20 世纪 90 年代,Cu 基分子筛催化剂由于中低温 NH₃-SCR 活性要优异于 V 基催化剂而受到广泛关注。早期的研究主要集中在中孔和大孔分子筛,如 ZSM-5(MFI,10 元环)、镁碱沸石(FER,10 元环)、丝光沸石(MOR,12 元环)、Y(FAU,12 元环)和 beta(BEA,12 元环)等。分子筛的骨架结构和结构中的酸位在 NH₃-SCR 反应中起重要作用。开放的骨架结构利于反应物分子 NO$_x$、NH₃ 和 O₂ 进入分子筛载体的连通孔道中,晶内孔具有很大的比表面积,为反应物分子提供了发生化学反应的空间;结构酸位不仅可以提供 NH₃ 分子吸附位,同时直接参与 NH₃-SCR 反应,还可以为活性中心提供交换位,有利于活性中心的分散和固定。在众多的分子筛催化剂中,Cu/ZSM-5 和 Cu/BEA 是两种被研究最多的体系,由于 Cu/BEA 的水热稳定性要高于 Cu/ZSM-5[102],所以 Cu/BEA 已经在工业上应用,而 Cu/ZSM-5 还主要处于研究阶段。近年,Cu/SSZ-13 和 Cu/SAPO-34 催化剂表现出更为优异的 NO$_x$ 转化活性、N₂ 选择性和水热稳定性而成为研究重点。

2）Cu 基分子筛催化剂的活性中心

目前，对于 Cu 基分子筛催化剂的活性中心仍处于研究阶段，但是催化剂提供的酸中心和氧化还原中心在 NH$_3$-SCR 反应中起着重要作用。分子筛骨架提供的酸位点能够吸附 NH$_3$ 并对其进行活化，而 Cu 位点提供氧化还原中心，对 NO 进行催化氧化，随后与酸位点吸附的 NH$_4^+$ 反应最终生成 N$_2$ 和 H$_2$O。催化剂中 Cu 物种分布与三个因素有关：制备方法、Cu 含量和分子筛的 Brønsted 酸量。在 NH$_3$-SCR 过程中，Cu 基分子筛催化剂有两个作用，一个是吸附和活化 NH$_3$，另一个是活性中心 Cu 催化 NO 氧化。如果 Cu 含量较低可能会导致催化剂的活性中心不足，NH$_3$-SCR 活性不高；Cu 含量较高会造成酸中心减少，且高 Cu 含量会造成高温段的 NH$_3$ 氧化反应加剧，降低 NH$_3$-SCR 活性[103, 104]；此外，过高的 Cu 含量也会降低催化剂的水热稳定性[95]。通常认为高分散的孤立 Cu$^{2+}$、Cu$^+$、[Cu—OH]$^+$、[Cu—O—Cu]$^{2+}$ 及 Cu$_x$O$_y$ 多聚物都是重要的活性物种[105]。与 Fe 基分子筛催化剂类似，活性 Cu 位点也被认为是起到将 NO 氧化成 NO$_2$ 或者中间物进而与吸附态的 NH$_4^+$ 反应的作用[106]。Cu 含量过多会造成 Cu 氧化物过多，而 Cu 氧化物在高温下能够促进 NH$_3$ 的氧化作用，降低了 NH$_3$-SCR 的还原剂的量，导致高温活性下降[107, 108]。在 Cu/FAU 催化剂中，Cu$^+$/Cu$^{2+}$ 的氧化还原循环在 NH$_3$-SCR 反应机理中至关重要，且在 Cu 基分子筛催化剂中 Cu$^+$ 的含量直接影响催化剂的氧化还原性能，Cu$^+$含量越高，越能提高 NH$_3$-SCR 活性[109, 110]。对于 Cu 基分子筛催化剂活性中心的确定仍然需要进一步的研究，目前而言并没有定论。

3）Cu 基分子筛催化剂的高温水热稳定性

分子筛是一种亚稳定材料，在高温下会发生骨架坍塌的现象[111]。当环境中有水（或者水蒸气）存在时，水分子会攻击分子筛的 Al 位点，使分子筛骨架脱铝[112]，加速骨架的坍塌。对于柴油车而言，其尾气温度相对汽油车低，一般低于 400℃，虽然尾气中存在 10%左右的 H$_2$O，但这对于 Cu 基分子筛催化剂的水热稳定性而言并不会存在很大的问题。但是当前端安装有 DPF 时，其再生时可以瞬间将温度提高到 600℃，甚至有可能达到 800℃[113]。虽然 DPF 每次再生时间很短（几分钟以内），但是在整个后处理装置使用寿命周期内的时间总和较长，这就对 Cu 基分子筛催化剂的高温水热稳定性提出了要求。前面提到，要想提高分子筛的水热稳定性，可以通过减少 Si—(O)H—Al 键（交换位）的方法。虽然可以通过提高分子筛的 Si/Al 来提高其水热稳定性[111]，Si/Al 提高，Al 原子减少，疏水性增加，同时能够减少 H$_2$O 对骨架的攻击，从而抑制分子筛骨架的脱铝，但是 Si/Al 增加不仅降低了催化剂的 Brønsted 酸位的量，也相当于减少了 Cu 的交换位，会导致 Cu 的上载量和分散性下降，最终导致活性降低。另一个办法是用金属离子取代交换位的质子，降低 H$_2$O 对邻近四面体 Al 的影响。但是，对于 Cu 基分子筛催化剂而言，Cu$^{2+}$ 与骨架或非骨架 Al 在高温下容易形成比较稳定的 CuAl$_2$O$_4$ 类物质，从而加速骨架脱铝或者堵塞分子筛孔道[114-116]。因此，在 Cu 基分子筛催化剂中，并不是 Cu 交换得越多越好。对于 Cu/BEA 催化剂，当 Cu 含量较低时，大量的孤立 $Cu^{2+}$ 在水热条件下会发生聚集形成 CuO 物种；当 Cu 含量过高时，会加速对骨架结构的破坏，这可能就是前面提到的 $CuAl_2O_4$ 类物质的形成造成的；当 Cu 的质量分数为 3%～4%时，其新鲜活性和水热稳定性最佳[95]；并且 Cu 在水热老化过程中会发生 CuO 再分散的现象，这与 Cu/SAPO-34 高温水热老化时 CuO 再分散现象有些类似[117]。

4）Cu 基分子筛催化剂的抗硫和抗碳氢化合物（$SO_2$/HC）性能

不同于 Fe 基分子筛催化剂，$SO_2$ 对 Cu 基分子筛催化剂的影响非常大。在柴油车尾气环境下，$SO_2$ 更容易与催化剂中的 Cu 生成稳定的 $CuSO_4$ 类物质[118, 119]，减少了活性中心，降低了催化剂的氧化还原性能，抑制了 NO 的氧化，最终降低催化剂的 $NH_3$-SCR 活性。而且催化剂需要在 600℃以上处理，$CuSO_4$ 才能完全分解而恢复活性[120]。

HC 中毒问题在 Cu 基分子筛催化剂上同样会遇到。一般认为，在低温段 $C_3H_6$ 对活性的影响主要是由于 $C_3H_6$ 与 $NH_3$ 之间的竞争吸附[121]，也有一部分原因是 $NH_3$ 与 $C_3H_6$ 发生副反应生成丙烯腈[86]。此外，分子筛的孔结构与 Cu 基分子筛催化剂的抗 HC 中毒能力息息相关[122, 123]。Cavataio 等[118]认为在特定温度下 HC 分子可以与催化剂酸位点和氧化还原位点作用生成一些复杂的聚合物分子或者形成积炭，造成分子筛孔道堵塞或者活性中心被覆盖，抑或影响活性中心的氧化还原性能，最终导致催化剂的 $NH_3$-SCR 活性下降。因此，HC 对 Cu 基分子筛催化剂的影响其实与其对 Fe 基分子筛催化剂的影响大致相同。

5）Cu 基分子筛催化剂的 $NH_3$-SCR 机理

通过研究 Cu 交换量、分子筛的 Si/Al 及分子筛类型（ZSM-5、Y 型或 MOR）对 $NH_3$-SCR 活性的作用，提出了 $Cu^{2+}$ 的二聚体是 Cu 基分子筛催化剂 $NH_3$-SCR 的活性中心，反应机理如图 4-13 所示[105]。$NH_3$ 分子先吸附在 Lewis 酸（简称 L 酸）中心上，然后 NO、$O_2$ 和 Cu—O—Cu 上的 O 结合生成硝酸盐，在 NO 的作用下生成两个亚硝酸盐，亚硝酸盐分解生成 $N_2$ 和 $H_2O$。

而 Cu/CHA 催化剂上的 $NH_3$-SCR 反应通常包含四个主要过程：首先是 $NH_3$ 或 NO 在催化剂上的吸附，然后是 $NH_3$/NO 在 $Cu^{2+}$ 上的活化（氧化还原过程），紧接着会生成 $NH_4NO_2$ 物种，最后 $NH_4NO_2$ 物种分解，$Cu^{2+}$ 恢复初始状态。利用原位红外漫反射技术测试了 Cu/SAPO-34 上的 $NH_3$-SCR 机理（图 4-14），发现 Brønsted 酸的作用是储存和提供 $NH_3$，由于 SAPO-34 是小孔分子筛，其孔径仅有 0.38nm，在 150℃以上 $NH_3$ 可以从 Brønsted 酸位上迁移到 L 酸中心上生成 $NH_4NO_3$，$NH_4NO_3$ 和 NO 反应生成 $NH_4NO_2$，然后分解生成 $N_2$ 和 $H_2O$[124]。

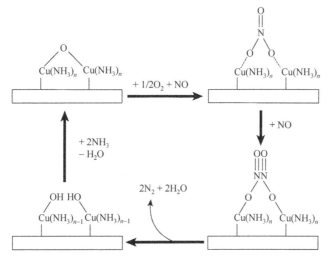

图 4-13　Cu/ZSM-5 催化剂上 NH$_3$-SCR 反应机理[105]

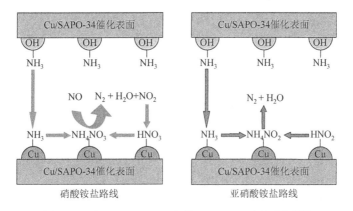

图 4-14　在 Cu/SAPO-34 上的 NH$_3$-SCR 反应路径[124]

　　虽然 Cu/ZSM-5 和 Cu/BEA 催化剂的水热稳定性优于钒基催化剂，但是它们在更为苛刻的 800℃水热老化后，活性下降较大，不能满足未来的排放要求。近年来，Cu/SSZ-13 和 Cu/SAPO-34 催化剂由于出色的 NH$_3$-SCR 活性、N$_2$ 选择性和水热稳定性而备受关注。Cu/SSZ-13 催化剂的合成过程中所使用的模板剂价格过于昂贵而造成合成成本较高。虽然采用低廉的模板剂一步法合成的 Cu/SSZ-13 催化剂表现出十分优异的 NH$_3$-SCR 活性，但是合成出的 Cu/SSZ-13 催化剂由于钠含量较高并且很难完全去除而导致其热稳定性变差。Cu/SAPO-34 催化剂比 Cu/SSZ-13 催化剂具有更好的热稳定性，且合成方法简单、技术成熟、成本低廉，因此 Cu/SAPO-34 催化剂是目前最有实用前景的 NH$_3$-SCR 催化剂之一。

## 3. Cu 基小孔沸石分子筛 SCR 催化剂

对比 Cu/ZSM-5、Cu/Y、Cu/beta 和 Cu/SSZ-13 的 $NH_3$-SCR 活性,发现 Cu/SSZ-13 催化剂具有最好的 $NH_3$-SCR 活性,并且其 $N_2O$ 的生成量最低(<5ppm);不仅如此,Cu/SSZ-13 催化剂的 $NH_3$ 氧化产物仅有很少量的 $NO_x$ 和 $N_2O$[125]。随后报道了分子筛孔类型[小孔(SSZ-13)、中孔(ZSM-5 和 beta)和大孔(Y)]对 Cu 基分子筛催化剂水热稳定性的影响,发现 Cu 基分子筛催化剂的水热稳定性随着孔径的变小而升高,其中 Cu/SSZ-13 表现出最优的水热稳定性,即使在 800℃水热老化 16h 后也有近 90%的氮氧化物转化活性(图 4-15)[126]。另外发现所有的 Cu 基小孔沸石分子筛(SSZ-13、SSZ-16、Nu-3、Sigma-1 和 SAPO-34)都表现出优异的 $NH_3$-SCR 活性,并且在 750℃、5%水蒸气老化后都表现出很好的 $NH_3$-SCR 活性,且低温段活性基本保持不变,高温段略微下降,但是 Cu/ZSM-5 催化剂在该条件下水热老化后,其活性却有很大程度的下降[127]。其中,Cu/SSZ-13 和 Cu/SAPO-34 表现出最优的水热稳定性和 SCR 活性,这可能是由于 SSZ-13 和 SAPO-34 在高温水热过程中脱除的铝氧化物动力学半径大于分子筛的孔道,不能扩散到孔外脱铝,在降温的过程中又回到了分子筛的骨架。因此近年来 Cu/CHA(SSZ-13、SAPO-34)催化剂备受科研工作者的关注,大家目前主要研究其制备方法、活性中心、反应机理、水热老化过程的影响、碳氢化合物的影响、$K^+$的影响及 $SO_2$ 的影响等方面。因 Cu/SSZ-13 和 Cu/SAPO-34 的主要 $NH_3$-SCR 性质相似,故后续不将二者分开介绍。

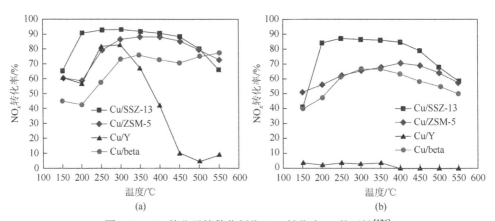

图 4-15　Cu 基分子筛催化剂将 $NO_x$ 转化为 $N_2$ 的活性[126]

(a)新鲜催化剂;(b)水热老化后催化剂;测试条件:175ppm NO、175ppm $NO_2$、350ppm $NH_3$、14%(体积分数)$O_2$ 和 10%(体积分数)$H_2O$,以 $N_2$ 为载气

## 1)影响 Cu/CHA 催化剂活性和稳定性的因素

Cu/CHA 催化剂的活性和稳定性主要受到 Cu 含量、Si 含量、制备方法和助

剂的影响。Wang 等以不同 Si 含量的 SAPO-34 为载体制备了 Cu/SAPO-34 催化剂，研究发现 Cu/SAPO-34 的酸性随着 Si 含量的增加而增加，并且 Si 含量还会影响 Cu$^{2+}$ 的交换量，高 Si 含量的 SAPO-34 利于 Cu$^{2+}$ 进入分子筛骨架，所以 SAPO-34 分子筛 Si 含量越高，Cu/-SAPO-34 的 SCR 活性越好[128]；Cu/SSZ-13 也具有相似的规律，其 NH$_3$-SCR 活性也随着 Si/Al（6、12、35）的增大而得到提高[129]。并且 Cu/SAPO-34 的低温 NH$_3$-SCR 活性和酸密度呈线性关系，随着催化剂酸密度的增加其 NH$_3$-SCR 活性相应增加[130]。此外，随着 Cu$^{2+}$ 交换量的增加，Cu/SAPO-34 的 NH$_3$-SCR 活性先升高后降低，其最佳交换量为 2.37%。并且他们发现，高的 Cu 含量会降低催化剂的高温水热稳定性，但随着 Cu 含量的增加催化剂的低温水热稳定性升高[108]。催化剂的制备方法不仅影响着工业放大过程的可操作性，同时也对催化剂的 NH$_3$-SCR 活性有很大的影响。对比分别采用离子交换法、沉淀法和一步法制备的 Cu/SAPO-34 和 Cu/SSZ-13[131, 132]，制备方法主要影响催化剂中铜物种的分布，用离子交换法制备出的催化剂具有较多的 Cu$^{2+}$，用沉淀法制备的催化剂含有较多的铜氧化物，一步法制备催化剂中包含 Cu$^{2+}$ 和铜氧化物，因为 Cu$^{2+}$ 是活性中心，所以 NH$_3$-SCR 活性顺序为离子交换法＞一步法＞沉淀法。但离子交换法制备的 Cu/SAPO-34 和 Cu/SSZ-13 催化剂，其 CHA 骨架在交换过程中有水解作用，所以离子交换法会破坏分子筛的骨架结构；固态离子交换法操作温度较高，只有在 650℃ 以上才使 Cu$^{2+}$ 迁移至分子筛骨架，但是高温也会部分破坏分子筛的骨架；一步法合成的 Cu/SAPO-34 和 Cu/SSZ-13 催化剂中 Cu$^{2+}$ 和分子筛作用较弱，容易团聚形成 CuO，CuO 在 350℃ 以上会催化 NH$_3$ 的氧化反应，这就使得催化剂的高温活性下降[115, 133]。四川大学陈耀强课题组研究了助剂对 Cu/SAPO-34 催化剂的 NH$_3$-SCR 活性的影响，通过稀土元素的改性可促进铜物种的分散，抑制 CuO 晶粒的长大，形成更多的孤立 Cu$^{2+}$，所以 CuCe/SAPO-34 和 CuY/SAPO-34 都表现出了较好的 NH$_3$-SCR 活性[134-136]。

　　2）Cu/CHA 催化剂的活性中心

　　早在 2009 年，Fickel 等采用变温 XRD 方法测试 Cu$^{2+}$ 在 Cu/SSZ-13 上的位置，发现 Cu$^{2+}$ 在和分子筛双六元环（D6R）的三个氧原子配位处[137]。后来，Korhonen 等采用准原位 EXAFS（扩展 X 射线吸收精细结构）和原位 UV-Vis-NIR（紫外-可见-近红外）技术测试了 Cu/SSZ-13 的 NH$_3$-SCR 活性，发现在 D6R 平面位置的 Cu$^{2+}$ 是 Cu/SSZ-13 的活性中心[138]。此外，对于 Cu/SSZ-13，Cu$^{2+}$ 首先占据 D6R 位置（该位置较为稳定），然后随着 Cu 含量的增多 Cu$^{2+}$ 占据分子筛的 CHA 笼位置（该位置易被还原），这两个位置的 Cu$^{2+}$ 都具有 NH$_3$-SCR 活性[139]。Cu/SAPO-34 和 Cu/SSZ-13 的结构相似，所以活性中心也相似。Wang 等对比用沉淀法制备出的主要含 CuO 物种的 Cu/SAPO-34 和用离子交换法制备出的主要含 Cu$^{2+}$ 的 Cu/SAPO-34[140]，通过 IR（红外光谱）、H$_2$-TPR（程序升温还原）和 XRD 数据提出在 Cu/SAPO-34 催化剂中的孤立 $Cu^{2+}$ 是催化剂的活性中心。进一步,采用 $H_2$-TPR 和 ESR 技术进一步确认了在 D6R 下方位置和 D6R 上的三个氧原子配位的 $Cu^{2+}$ 是催化剂的活性中心(图 4-16)[141]。目前,虽然已经确认了孤立 $Cu^{2+}$ 是 $NH_3$-SCR 的活性中心[142, 143],$[Cu—O—Cu]^{2+}$ 和低聚 $Cu_xO_y$ 可以参与 NO 氧化反应[144],但是 $[Cu—O—Cu]^{2+}$ 和低聚 $Cu_xO_y$ 物种是否也是 $NH_3$-SCR 的活性中心还没有一个明确的结论。

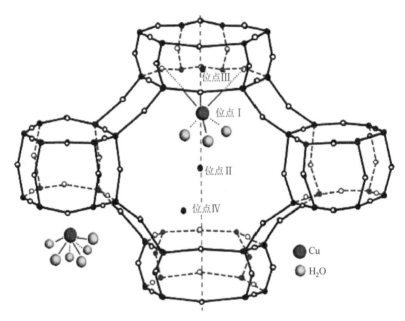

图 4-16　$Cu^{2+}$ 在 SAPO-34 结构中的位置示意图[141]
●代表 Al、P 或 Si,○代表 O

3)Cu/CHA 催化剂的水热稳定性

Cu/CHA 受到广泛关注的一个最重要的原因就是其优异的水热稳定性能。Cu/CHA 在 800℃下水热老化 16h 后 [等效于 135000mi(1mi = 1.609344km)实车老化],其 $NO_x$ 转化率基本没有下降,说明 Cu/CHA 催化剂完全可以满足欧Ⅵ排放标准的要求[113]。前面讲到,Cu 基分子筛催化剂(中孔、大孔)在高温水热条件下,Cu 物种容易与 Al 氧化物形成稳定的 $CuAl_2O_4$ 类物种,Fickel 等[127]认为有可能是由于高温脱铝形成的 $Al(OH)_3$ 的动力学直径(约 0.5nm)大于 CHA 分子筛的孔口直径(约 0.38nm),因此 $Al(OH)_3$ 无法移出骨架,待温度下降到足够低时,脱落下来的 Al 又会恢复到原位,重新成为骨架 Al。另外,Cu/SAPO-34 在高温水热老化后,其表面 CuO 会发生再分散现象,进入孔道生成新的孤立 $Cu^{2+}$ 并保持完整的

CHA 结构[117]，但是 Cu/SSZ-13 在高温（800℃）水热老化过程中则出现 CHA 结构坍塌且孤立 Cu$^{2+}$团聚生成 CuO 颗粒，因此 Cu/SAPO-34 比 Cu/SSZ-13 具有更优异的高温水热稳定性[145]。

　　但 Cu/SAPO-34 在应用上存在一个重大缺陷，即其在低温水热环境（<100℃）下容易失活，而 Cu/SSZ-13 则不存在该现象。Briend 等将 SAPO-34 分子筛在室温潮湿空气中进行水合-脱水循环处理，经过长时间的处理后发现 SAPO-34 的骨架会被破坏，而且不同模板剂合成的 SAPO-34 的低温水热稳定性能也各不相同[146]。Gao 等采用离子交换法制备 Cu/SAPO-34 时发现负载 Cu 之后，某些 Cu/SAPO-34 的结晶度会明显下降，这是因为在离子交换过程中，分子筛骨架结构发生了水解（图 4-17）[133]。对不同 Cu 含量的 Cu/SAPO-34 进行低温水热处理[108]，通过 ESR、氨程序升温脱氧（NH$_3$-temperature programmed desorption，NH$_3$-TPD）及漫反射傅里叶变换红外光谱（diffuse reflectance infrared Fourier transform spectroscopy，DRIFTS）等手段，发现低 Cu 含量的 Cu/SAPO-34 的酸量和孤立 Cu$^{2+}$的量大幅减少，大量的 Si—O—Al 键遭到破坏，从而导致了 NH$_3$-SCR 活性下降。当 Cu 质量分数较高时（>3%），短时间的低温水热处理对催化剂的影响不大。这说明 Cu$^{2+}$可以提高 Cu/SAPO-34 的低温水热稳定性。但是，高 Cu 含量带来的问题是高温 NH$_3$ 氧化的加剧，造成高温下 NO$_x$ 转化率急剧下降。由此可见，Cu/SAPO-34 的低温水热问题在实车应用中，尤其是对轻型柴油车来说，会是一个较大的问题。因此，欧Ⅵ及国Ⅵ阶段，柴油车将多使用 Cu/SSZ-13 作为 NH$_3$-SCR 催化剂净化尾气 NO$_x$。

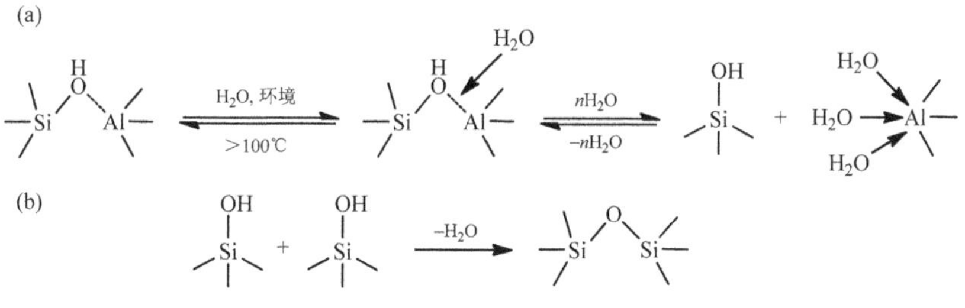

图 4-17　SAPO-34 骨架的可逆水解（a）和不可逆水解（b）原理图[133]

### 4）Cu/CHA 催化剂的 NH$_3$-SCR 机理

　　之前已经介绍了标准 NH$_3$-SCR 在 Cu/ZSM-5 和 Fe/ZSM-5 上的反应机理，以及 Cu/CHA 催化剂的 NH$_3$-SCR 涉及的四个步骤。上述反应机理没有涉及 Cu/CHA 催化剂的 NH$_3$-SCR 活性中心的变化，Kwak 等[139]发现 H$_2$O 可以提升 Cu/SSZ-13 的氧化还原性，并且利用红外光谱观察到 NO 在 Cu$^{2+}$上吸附会形成 Cu$^+$—NO$^+$物种，并结合密度泛函理论（DFT）提出了 Cu/SSZ-13 上 NH$_3$-SCR 反应机理：首先是 NO 和 Cu$^{2+}$生成 Cu$^+$—NO$^+$，在 H$_2$O 的存在下 Cu$^+$—NO$^+$和 H$_2$O 反应生成 HONO，然后 HONO 和 NH₃ 反应生成 N₂ 和 H₂O，最终 Cu⁺ 被 O₂ 氧化成 Cu²⁺ 完成一次催化循环[147, 148]。采用原位 X 射线吸收光谱（XAS）技术及密度泛函理论阐述了只有孤立 Cu²⁺ 存在的 Cu/SSZ-13 催化剂在 200℃ 下的 NH₃-SCR 机理[149]，Cu⁺/(Cu⁺ + Cu²⁺) 含量在四种反应气氛中有如下规律：NH₃/NO 气氛＞NH₃-SCR 气氛＞NH₃/O₂ 气氛≈NO/O₂ 气氛。因此，可以认为只有 NH₃ 和 NO 共同存在的情形下才可能发生 Cu²⁺ 被还原成 Cu⁺ 的反应，根据这个实验事实结合 DFT 计算结果得到如图 4-18 所示的反应机理及反应过程的能量变化。并且指出，在 Cu/SAPO-34 催化剂上的反应机理和 Cu/SSZ-13 上的反应机理基本相同。

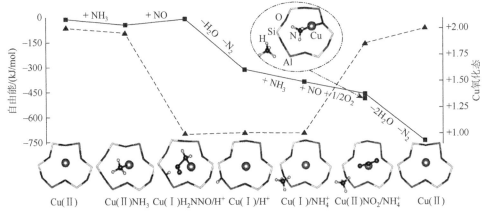

图 4-18　HSE06 计算模拟的反应自由能（方形）和伴随 NH₃-SCR 反应路径的 Cu 氧化态变化（三角）[149]

　　进一步，利用原位 ESR 和 DRIFTS 技术研究了 Cu/SAPO-34 催化剂上的 NH₃-SCR 机理，该机理结合了 NH₃ 和 NO 在酸位吸附过程和 Cu²⁺ 的变价过程（图 4-19）[150]，且提出 H₂O 的加入利于 NH₃ 的吸附并且抑制了高温段的 NH₃ 氧化反应，因此 H₂O 对 Cu/SAPO-34 的标准 SCR 反应有促进作用。在 270℃ 下将 Cu/SAPO-34 催化剂用 NH₃ 预处理后孤立 Cu²⁺ 的 ESR 信号减弱，说明 NH₃ 对 Cu²⁺ 有还原作用；然后将催化剂用 NO 处理后出现两种孤立 Cu²⁺，因此，认为在 Cu²⁺ 上生成了硝酸盐或亚硝酸盐；最后在氧的作用下 ESR 信号回到初始状态。结合 DRIFTS 技术验证了各个反应过程的中间产物，提出了如图 4-19 所示的反应机理。该反应机理和 Paolucci 等[149]的结果略有不同，其原因可能是研究机理时选择的温度不同，在 270℃ 时 Cu²⁺ 可以被 NH₃ 还原。

　　上述机理的提出使我们对 Cu/CHA 催化剂的 NH₃-SCR 机理有了更进一步的认识，但是对于 Cu/CHA 具有很好的 N₂ 选择性的原因尚未得到很好的证实，同时反应机理和小孔分子筛的限域效应还没有得到很好的结合，这都需要进一步的实验数据来证实。

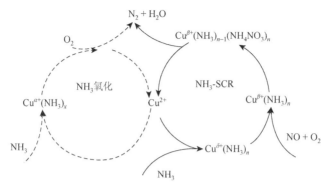

图 4-19　在 Cu/SAPO-34 催化剂上的 NH$_3$-SCR 和 NH$_3$ 氧化机理[150]

5）Cu/CHA 催化剂中毒

对于导致 Cu 基分子筛催化剂 NH$_3$-SCR 活性下降的因素在前面已经有部分介绍，Cu/CHA 在实际应用过程中同样会遇到相同的问题：水热老化、K$^+$中毒、冷启动阶段的 HC 化合物中毒及燃油中的 S 中毒。

（1）水热老化。

众所周知，SAPO-34 具有很好的高温水热稳定性，即使在 800℃水热条件下处理 300h 也有 83%的结晶度[151]，同时，Cu/SAPO-34 也表现出比 Cu/ZSM-5 和 Cu/BEA 甚至是 Cu/SSZ-13 催化剂更好的高温水热稳定性[152]。并且 Cu/SAPO-34 在 700℃和 750℃水热老化后的 NH$_3$-SCR 活性会有提升[117, 128]，这是因为在水热处理催化剂的过程中，催化剂外表面的 CuO 或其他铜物种会迁移到分子筛骨架内部/交换位形成更多的孤立 Cu$^{2+}$（活性中心），使催化剂在老化后活性变好，并且催化剂在老化后有更多的介孔生成，这将有利于反应物分子扩散，因此催化剂的 NH$_3$-SCR 活性在老化后变好[133]。而 Cu/SSZ-13 催化剂高温水热老化后发生明显失活，这是因为水热老化的过程中 Cu$^{2+}$会迁移聚集形成 CuO 颗粒，CuO 颗粒的长大会破坏分子筛的骨架结构，所以当 Cu$^{2+}$过多时催化剂的水热稳定性下降，故认为 Cu/Al（物质的量比）为 0.2 是铜含量的阈值，超过这个阈值不利于催化剂的水热稳定性，Cu/Al 过低又不利于 NH$_3$-SCR 的宏观活性[145, 153]。

但在发动机怠速的过程中有大量的水汽凝结在 SCR 催化剂上，这些水汽对催化剂也有较大的影响，Cu/SAPO-34 的低温水热稳定性也需要关注。70℃水汽处理 3h 后，Cu/SAPO-34 催化剂在 200℃的 NO$_x$ 转化率从 87%下降到 66%，将该催化剂在 70℃再水汽处理 9h 后，其在 200℃的氮氧转化活性从 66%降低到只有 6%；且将催化剂在 600℃下再生后，活性不能恢复[154]。低温水汽处理催化剂对其结构和织构影响较小，仅仅是部分微孔孔容的减小，但水汽处理后可还原铜物种减少，故推测低温水汽处理可能会使催化剂的活性中心变为非活性中心。此外，铜含量越高其低温水热稳定性越好。Wang 等发现低温水汽处理催化剂会导致催化剂骨架的破坏，因为分子筛骨架在水汽中的破坏普遍发生在 Si—O(H)—Al 位置，高的铜含量可以取代 Si—O(H)—Al 中的 H$^+$，减少 Si—O(H)—Al 的数量，所以铜含量越高催化剂的低温水热稳定性越好[108]。

Cu/SAPO-34 催化剂中的铜含量过高不利于催化剂的高温水热稳定性，其铜含量过低又不利于 NH$_3$-SCR 活性及低温水热稳定性，所以这里有两个问题：一是如何提升高铜 Cu/SAPO-34 催化剂的高温水热稳定性，二是如何改进低铜 Cu/SAPO-34 的低温水热稳定性。

（2）K$^+$中毒。

润滑油、生物质柴油和气溶胶中都有 K$^+$，K$^+$会导致 SCR 催化剂的失活。研究 K$^+$对 Cu/SAPO-34 和 Cu/SSZ-13 的影响[107, 155]，发现 K$_2$O 会降低催化剂的 NH$_3$-SCR 活性，是由于 K$^+$的加入减弱了催化剂的氧化还原性能。但 Cu/CHA 的抗 K$^+$中毒性能要远远高于钒基催化剂，并且能耐得住 0.5%含量的 K$^+$，但若 K$^+$含量高于这个值，其 NH$_3$-SCR 活性就开始下降；这可能是由于 K$^+$的加入使活性中心孤立 Cu$^{2+}$移动至非活性中心，因此 Cu/SAPO-34 和 Cu/SSZ-13 催化剂活性下降[156]。此外，K$^+$的加入对 Cu/SAPO-34 分子筛的结构和铜物种几乎没有影响，但是 K$^+$的添加对分子筛的 Brønsted 酸量有很大的影响，随着 K$^+$的增多 Brønsted 酸位线性减少[157]。

（3）碳氢化合物中毒。

在发动机冷启动阶段或前级柴油车氧化型催化剂（DOC）失活的情况下，会有大量的碳氢化合物排放到 SCR 催化剂上造成催化剂中毒。SCR 催化剂碳氢化合物中毒和分子筛的两个因素有关，一个是分子筛孔类型，另外一个是碳氢化合物类型。前面介绍 MOR、BEA 和 ZSM-5 中，MOR 由于是一维孔道而表现出较好的抗丙烯中毒性能。目前的研究结果表明，Cu/CHA（Cu/SAPO-34 和 Cu/SSZ-13）相对于其他 Cu 基分子筛催化剂（Cu/ZSM-5、Cu/BEA），由于其小孔八元环孔道不利于碳氢化合物的扩散而表现出较好的抗丙烯中毒性能[158]。对比长链烃和短链烃对 Cu/SSZ-13 催化剂 SCR 活性的影响[159]，发现长链烃（C$_8$H$_{18}$）对其氮氧转化活性几乎没有影响，而丙烯加入后其氮氧转化活性下降了近 20%。这是因为在低温段丙烯和 NO$_x$ 会发生竞争吸附，中高温段由于丙烯的不完全燃烧，在催化剂表面形成积炭，这些积炭会覆盖活性中心以及堵塞分子筛的孔道，因此丙烯的存在会导致催化剂的 NH$_3$-SCR 活性下降[160]。所以尽管 Cu/CHA 催化剂表现出相对于中孔分子筛（ZSM-5 和 BEA）更高的抗碳氢化合物中毒性能，但是其抗短链烃的性能需要进一步提升。针对丙烯对催化剂的中毒问题，发现稀土元素的引入可以降低丙烯在 Cu/SAPO-34 催化剂表面的吸附，并且可以有效地提升丙烯在催化剂上的氧化活性，减少积炭的形成，因此改性后的 Cu/SAPO-34 催化剂表现出更为优异的抗丙烯中毒性能[134, 135]。

（4）S 中毒。

Cu/SAPO-34 催化剂受 $SO_2$ 的影响很大，即使使用国 V 柴油，尾气中也会有将近 1ppm 的 $SO_2$，$SO_2$ 的长期积累将导致催化剂中毒。研究表明，$SO_2$ 只对 Cu/SAPO-34 催化剂 300℃ 以下的活性有影响，对于高温段活性的影响不大，低温失活主要是由于 $(NH_4)_2SO_4$ 的形成及 $SO_2$ 和 $NO_x$ 的竞争吸附[161]。此外，在低温阶段，$SO_2$ 主要和催化剂的活性中心 $Cu^{2+}$ 作用，使催化剂中可以发生氧化还原循环的活性 $Cu^{2+}$ 数量减少，但硫中毒对快速 SCR 和 $NO_2$-SCR 影响较小，故推测 $SO_2$ 抑制了 $NH_4NO_3$ 这一关键中间体在活性中心的形成，进而会抑制催化剂的 $NH_3$-SCR 活性[162]。同时生成的硫酸铵堵塞分子筛孔道并且覆盖活性中心[163]。

## 4.4.4　非钒基复合金属氧化物 $NH_3$-SCR 催化剂

由于钒基催化剂中 $V_2O_5$ 的生物毒性和高温稳定性问题，科研工作者一直致力于发展新型的无钒 $NH_3$-SCR 催化剂来满足市场和环境的需求。其中，过渡金属氧化物催化剂因其制备方法可控、成本低廉、环境友好及优良的低温 $NH_3$-SCR 活性而成为最具研究意义的 $NH_3$-SCR 催化剂之一。目前，正在研究的催化剂主要是铁基、锰基和铈基氧化物催化剂。

### 1. 铁基氧化物催化剂

在 20 世纪 80 年代，以 $Fe_2O_3$ 活性相制备出 $Fe_2O_3/TiO_2$ 复合氧化物作为 $NH_3$-SCR 催化剂，在 350～450℃ 范围内的 $NO_x$ 转化率在 90% 以上，且具有较高的 $N_2$ 选择性[164]。紧接着有很多研究者发展出以 $Fe_2O_3$ 为活性相的催化剂，如 $Fe_2O_3$/柱撑层状黏土（PILC）[165]、$Fe_2O_3/SiO_2$[166]、$Fe_2O_3/AC$[167] 或者 $Fe_2O_3/ACF$[168]，这些铁基催化剂都表现出较好的 SCR 活性。而铁物种主要是以 $Fe_2O_3$ 晶体和 $Fe_2O_3$ 簇的形式存在于催化剂表面，其中 $Fe^{3+}$ 催化 $NH_3$ 发生脱氢反应生成—$NH_2$ 和 $Fe^{2+}$，然后—$NH_2$ 和气相 NO 反应生成水和氮气，$Fe^{2+}$ 被 $O_2$ 氧化成 $Fe^{3+}$ 来进行下一个反应的循环，$NH_3$-SCR 反应在催化剂上通过 E-R 机理进行[169]。$NO_x$ 在钛铁矿结构的 $FeTiO_3$ 上的最高转化率不超过 20%，但在离子态的 Fe 物种上的 $NO_x$ 转化率较高，这是因为 L 酸利于扩宽铁钛矿催化剂的 SCR 温度窗口[170]。研究表明，$Fe^{3+}$—$(O)_2$—$Ti^{4+}$ 被证实是该催化剂的活性中心，三价铁和四价钛之间有电子诱导效应，这会增加 NO 在 $Fe^{3+}$ 上的吸附并且增加 $Fe^{3+}$ 物种的氧化性能从而有利于低温 SCR 反应[171]。2012 年，Mou 等[172] 制备出具有高 $NH_3$-SCR 活性的棒状 γ-$Fe_2O_3$ 催化剂，棒状 γ-$Fe_2O_3$ 主要暴露出 {110} 和 {100} 晶面，并且 $Fe^{3+}$ 和 $O_2^-$ 同时暴露在该晶面，因此表现出优异的 $NH_3$-SCR 活性。

2. 锰基氧化物催化剂

1）单锰氧化物 $NH_3$-SCR 催化剂

锰物种具有多种可变价态使其具有极强的氧化还原能力，因而被广泛应用于 $NH_3$-SCR 反应中。不同的锰物种的氧化价态、$MnO_x$ 的结晶度及比表面积等会导致锰氧化物的 $NH_3$-SCR 活性和 $N_2$ 选择性不同。对比采用流变相（rheological phase，RP）反应、低温固相（low temperature solid phase，LTSP）反应、共沉淀（co-precipitation，CP）法和柠檬酸（citric acid，CA）法制备的锰氧化物，结果表明：CA 法制备的锰氧化物主要以高度结晶的 $Mn_2O_3$ 存在，而 350℃焙烧的 RP 反应制备的 $MnO_x$ 及 LTSP 反应和 CP 法制备的 $MnO_x$ 均以无定形状态存在，不同方法制备的锰氧化物的 $NH_3$-SCR 结果显示，低结晶度的 $MnO_x$ 表现出了更好的低温 $NH_3$-SCR 活性[173]。而且不同价态的锰氧化物的 $NH_3$-SCR 活性差别较大，其活性由高到低的顺序为 $MnO_2$、$Mn_2O_3$、$Mn_3O_4$ 和 MnO，其中，$MnO_2$ 具有最高的转化 $NO_x$ 活性，而 $Mn_2O_3$ 上的 $N_2$ 选择性最高；随着 $NH_3$-SCR 反应温度的升高，锰氧化物催化剂的 $N_2$ 选择性逐渐降低，这是因为锰的氧化价态随着焙烧温度的升高而增大，400℃时只存在 $MnO_2$，500℃时 $MnO_2$ 和 $Mn_2O_3$ 共存，而在 750℃时则只存在 $Mn_2O_3$，而 $N_2O$ 尤其容易在规则的锰氧化物晶面上生成[174, 175]。

上述方法制备的锰氧化物催化剂虽然有较好的低温 $NH_3$-SCR 活性，但是少量的 $SO_2$ 和 $H_2O$ 就会使催化剂失活，从而大大降低了 $NO_x$ 的转化效率。另外，采用不同的沉淀剂制备的锰氧化物催化剂具有不同的 $NH_3$-SCR 活性。对比以 $(NH_4)_2CO_3$、$K_2CO_3$、$Na_2CO_3$、$NH_3 \cdot H_2O$、KOH 和 NaOH 为沉淀剂制备的 $MnO_x$ 催化剂的 SCR 活性，发现碳酸盐为沉淀剂制备的催化剂活性优于氢氧化物，而钠盐则优于钾盐和铵盐所制备的催化剂活性。这是因为 $Na_2CO_3$ 作为沉淀剂所制备的 $MnO_x$ 催化剂具有大的比表面积、丰富的表面四价锰物种和表面活性氧物种，且碳酸根的存在还有利于 $NH_3$ 的吸附，$H_2O$ 和 $SO_2$ 对该催化剂的 $NH_3$-SCR 活性影响并不明显[176, 177]。

2）负载型锰基 $NH_3$-SCR 催化剂

由于纯锰氧化物催化剂具有比表面积较小和结构不稳定等缺点，不利于实际的应用，人们更多的是研究将锰物种负载在具有高热稳定性的大比表面积载体上的负载型锰氧化物催化剂。常见的有以锰为活性组分，$Al_2O_3$、$TiO_2$、$ZrO_2$ 和 $SiO_2$ 等为载体的负载型催化剂，$MnO_x/TiO_2$ 的 $NO_x$ 转化率要优于其余三种载体负载的催化剂，在 120℃以下即可完全净化 $NO_x$[178, 179]。不同锰的前驱体制备的催化剂表面的锰的氧化价态和锰原子浓度均不同，硝酸锰为前驱体制备的 $MnO_x/TiO_2$ 表面主要以结晶态的 $MnO_2$ 和少量的硝酸锰的形式存在，而乙酸锰为前驱体制备的催化剂表面锰主要以高度分散的 $Mn_2O_3$ 存在，且后者的低温 SCR 活性要优于前者[180]。而且当在 MnO$_x$/TiO$_2$ 中添加一定量的 CeO$_2$ 后,不仅增加了化学吸附氧的浓度和催化剂的储氧量,还提高了催化剂表面的酸性,这些共同作用使催化剂具有更好的低温 SCR 活性[181]。虽然锰基催化剂具有较好的低温活性,但这些催化剂的抗硫性能仍有待加强。研究结果表明,锰基催化剂的低温硫中毒主要是由于硫酸铵或硫酸氢铵堵塞了催化剂孔道或覆盖了催化剂的活性中心而抑制了 NO$_x$ 的转化[182]。

3）复合氧化物型锰基 NH$_3$-SCR 催化剂

复合氧化物因一种金属元素可以改善另一种金属元素的电子和结构性能最终影响催化活性而被研究。常见的含锰的复合氧化物催化剂有 Mn/CeO$_x$、Mn/FeO$_x$、Mn/CuO$_x$ 等[175]。其中,铁锰复合氧化物催化剂在 120℃时 NO$_x$ 达到完全转化。对比了柠檬酸法、共沉淀法和传统的浸渍法制备的 MnO$_x$/CeO$_2$ 粉末状催化剂的 NH$_3$-SCR 活性,结果表明柠檬酸法制备的催化剂的 NO$_x$ 转化率最高,在 42000h$^{-1}$ 空速下 NO$_x$ 在 120℃时可完全转化,并表现出一定的抗水抗硫性能。在该催化剂上同时进行着 NH$_2$ 与 NO 的 E-R 机理反应和 NH$_3$ 与 NO 的 L-H 机理反应,且生成的 NH$_2$NO 和 NH$_4$NO$_2$ 为二者的反应中间体。

不管是纯 MnO$_x$、锰基负载型催化剂,还是锰基复合氧化物催化剂,目前还均停留在实验室研究水平,都或多或少存在着一些不足,如高温时 N$_2$ 选择性不高、抗水和抗硫性能差等。因此,需要广大科研工作者结合实际情况对锰基催化剂所存在的不足之处进行改进。

3. 铈基氧化物催化剂

在早期的研究中,Ce 经常以助剂的形式添加到 SCR 催化剂中来提升催化剂活性。例如,将 Ce 添加到 V$_2$O$_5$-WO$_3$/TiO$_2$ 中不仅提高了催化剂的 SCR 活性,而且降低了催化剂中 V 的用量[183];Ce 添加到 MnO$_x$/TiO$_2$ 催化剂中提升催化剂的抗硫性能[181]。随着对 CeO$_x$ 在 NH$_3$-SCR 催化剂所起的作用的研究不断深入,研究者发现由于 CeO$_x$ 具有很好的氧化还原性能,也可以作为 NH$_3$-SCR 催化剂的活性组分。虽然单纯的 CeO$_2$ 的 NH$_3$-SCR 活性较低,但是在 SO$_2$ 存在的条件下表现出很高的 NH$_3$-SCR 活性。相比于 CeO$_2$,硫化后的 CeO$_2$ 的 NH$_3$ 吸附量增加了,并且 NH$_3$ 在硫化后的 CeO$_2$ 催化剂上被抑制发生过氧化反应生成 NO$_x$,所以 SO$_2$ 的添加可以提高 CeO$_2$ 的 NH$_3$-SCR 活性[184]。这就说明提升 CeO$_2$ 的表面酸性可能会提升 CeO$_2$ 的 NH$_3$-SCR 活性,ZrO$_2$、WO$_3$、MoO$_3$、Nb$_2$O$_5$ 和 TiO$_2$ 等酸性氧化物的添加都可以很大程度地增加 CeO$_2$ 催化剂的酸性,从而提升 CeO$_2$ 催化剂的 NH$_3$-SCR 活性。Li 等以 CeZrO$_2$ 为基础加入 W、Mo、Mn、Fe、Cr、Co 制备出负载型催化剂,其中 W/CeZrO$_2$ 表现出最优的 NH$_3$-SCR 活性。该催化剂在 200～500℃、NO/NO$_2$ (体积比)= 1、10% H$_2$O、10% CO$_2$ 和 90000h$^{-1}$ 空速的条件下有接近 100% 的 NO$_x$ 转化率[185]。以 TiO$_2$ 改性 W/CeZrO$_2$,不仅增强了催化剂的抗硫性能,更重要的是将90%以上NO$_x$转化的反应温度窗口从224~444℃拓宽至200~470℃[186]；而Al$_2$O$_3$作为助剂可有效抑制高温水热老化过程中酸性组分WO$_3$与活性组分CeO$_2$发生反应生成Ce$_2$(WO$_4$)$_3$，显著提高了W/CeZrO$_2$催化剂的水热稳定性[187, 188]。尽管Ce负载在TiO$_2$上制备的Ce/TiO$_2$催化剂表现出很好的NH$_3$-SCR活性，但是其在高空速下的活性仍需要提高。而Ce/TiO$_2$催化剂在引入W以后，其活性中心数目、氧空位、B酸量及L酸量都得以很大的提升，因此CeW/TiO$_2$催化剂在高空速条件下表现出很好的NH$_3$-SCR活性[189]。

Ce/TiO$_2$催化剂的另外一个缺点是抗硫性较差，在有SO$_2$的存在下会生成稳定的Ce(SO$_4$)$_2$和Ce$_2$(SO$_4$)$_3$，这两种硫酸盐的形成会切断催化反应过程中Ce$^{3+}$和Ce$^{4+}$的氧化还原循环，所以SO$_2$对CeTiO$_x$催化剂活性的抑制作用很明显（图4-20 路线Ⅱ）。但若是TiO$_2$/CeO$_2$催化剂，该催化剂将TiO$_2$覆盖在CeO$_2$的表面，减少了SO$_2$在CeO$_2$上的吸附并且抑制了CeO$_2$的深度硫化，这样在SO$_2$的条件下形成少量的硫化物，这些硫化物和体相的CeO$_2$有协同作用，表现出很好的NH$_3$-SCR活性，从而提升了催化剂的抗硫性（图4-20 路线Ⅰ）[190]。

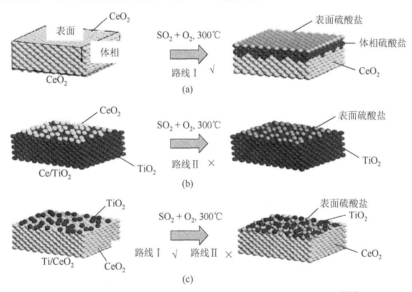

图4-20　SO$_2$在CeO$_2$、Ce/TiO$_2$和Ti/CeO$_2$上的吸附模型[190]

综上所述，通常锰基催化剂都具有较好的低温NH$_3$-SCR活性，而铁基和铈基等催化剂则在中高温段表现出优异的NO$_x$转化率和N$_2$选择性，这些活性组分一般负载于大比表面积的Al$_2$O$_3$、结构稳定的酸性ZrO$_2$、强抗硫性能的TiO$_2$和具有大孔容的活性炭（活性炭纤维）等载体上，同时在这些催化剂中加入ZrO$_2$、WO$_3$、MoO$_3$、Nb$_2$O$_5$、CeO$_2$、过渡金属氧化物和稀土金属氧化物为助剂来改善活性、N$_2$选择性、抗水性、抗硫性和水热稳定性等。因此，若能将上述几种催化剂的优点结合起来，进一步提升催化剂的各方面性能和进一步弄清楚活性相的构效关系（例如，具有特殊形貌的 CeO$_2$ 是否可以像棒状 γ-Fe$_2$O$_3$ 催化剂一样表现出特殊的 NH$_3$-SCR 活性）是过渡金属氧化物 NH$_3$-SCR 催化剂未来的发展方向。

## 4.5　柴油机 NH$_3$-SCR 催化剂的发展展望

为了解决城市车辆实际运行时排放超标的问题，环保部（现为生态环境部）组织制定了《城市车辆用柴油发动机排气污染物排放限值及测量方法（WHTC 工况法）》（HJ 689—2014），确定采用全球统一的重型车测试循环，确保车辆在设计时就考虑低温、低速和低负荷排放的问题。在最新发布的《重型柴油车污染物排放限值及测量方法（中国第六阶段）》（GB 17691—2018）中，排放标准处理不仅要求采用全球统一的重型车测试循环，包括全球统一瞬态循环（world harmonized transient cycle，WHTC）和全球统一稳态循环（world harmonized steady-state cycle，WHSC），更关注发动机和车辆在型式核准工况外的运行状态下的排放情况。因此，新增加了循环外排放（OCE）的测试要求，具体包括两点要求：一是在发动机台架上，采用非标准循环（WNTE）进行排放测试；二是在型式核准时，要将原机安装在车辆上，采用车载排放测试方法，在实际道路上进行排放测试，以保证发动机在循环工况外的工况点都能满足排放要求，如此对柴油机尾气排放催化剂的低温性能提出更高的要求。而且还规定了柴油车的最高行驶里程为 70 万 km，这就要求提高催化剂的水热稳定性。因此，NH$_3$-SCR 催化剂的发展方向主要集中在低温性能和水热稳定性的研究。Cu/SSZ-13 和 Cu/SAPO-34 具有优异的低温 SCR 活性和水热稳定性，但仍存在如碳氢化合物中毒、低温水热稳定性差等问题。虽然非钒基复合金属氧化物 NH$_3$-SCR 催化剂具有成本低和易设计等优点，但该类催化剂的性能仍存在诸多问题，如低温活性和水热稳定性等亟待解决。

### 参 考 文 献

[1] Fulks G，Fisher G B，Rahmoeller K，et al. A review of solid materials as alternative ammonia sources of lean NO$_x$ reduction with SCR. SAE Technical Paper，2009，2009-01-0907.

[2] Epling W S，Campbell L E，Yezerets A，et al. Overview of the fundamental Reactions and Degradation Mechanisms of NO$_x$ storage/reduction catalysts. Catalysis Reviews，2004，46（2）：163-245.

[3] Liu Z，Woo S I. Recent advances in catalytic deNO$_x$ science and technology. Catalysis Reviews，2006，48（1）：43-89.

[4] Johnson T V. Diesel emission control in review. SAE Technical Paper，2007，2007-01-0233.

[5] Wakamoto K，Nishiyama T. System evaluation of the HC deNO$_x$ catalyst for industrial heavy-duty diesel engine. SAE Technical Paper，2003，2003-01-0044.

[6] Huang H Y，Long R Q，Yang R T. The promoting role of noble metals on NO$_x$ storage catalyst and mechanistic

study of NO$_x$ storage under lean-burn conditions. Energy and Fuels, 2001, 15 (1): 205-213.

[7]    Lei C, Shen M Q, Yang M, et al. Modified textures and redox activities in Pt/Al$_2$O$_3$ + BaO/Ce$_x$Zr$_{1-x}$O$_2$ model NSR catalysts. Applied Catalysis B: Environmental, 2011, 101 (3/4): 355-365.

[8]    Amberntsson A, Fridell E, Skoglundh M. Influence of platinum and rhodium composition on the NO$_x$ storage and sulphur tolerance of a barium based NO$_x$ storage catalyst. Applied Catalysis B: Environmental, 2003, 46 (3): 429-439.

[9]    Liu G, Gao P X. A review of NO$_x$ storage/reduction catalysts: Mechanism, materials and degradation studies. Catalysis Science & Technology, 2011, 1 (4): 552-568.

[10]   Xu L, Graham G, McCabe R, et al. The feasibility of an alumina-based lean NO$_x$ trap(LNT) for diesel and HCCI applications. SAE Technical Paper, 2008, 2008-01-0451.

[11]   Cheng Y, Cavataio J V, Belanger W D, et al. Factors affecting diesel LNT durability in lab reactor studies. SAE Technical Paper, 2004, 2004-01-0156.

[12]   Casapu M, Grunwaldt J D, Maciejewski M, et al. The fate of platinum in Pt/Ba/CeO$_2$ and Pt/Ba/Al$_2$O$_3$ catalysts during thermal aging. Journal of Catalysis, 2007, 251 (1): 28-38.

[13]   Casapu M, Grunwaldt J D, Maciejewski M, et al. Formation and stability of barium aluminate and cerate in NO$_x$ storage-reduction catalysts. Applied Catalysis B: Environmental, 2006, 63 (3/4): 232-242.

[14]   Strobel R, Krumeich F, Pratsinis S E, et al. Flame-derived Pt/Ba/Ce$_x$Zr$_{1-x}$O$_2$: Influence of support on thermal deterioration and behavior as NO$_x$ storage-reduction catalysts. Journal of Catalysis, 2006, 243 (2): 229-238.

[15]   Lietti L, Forzatti P, Nova I, et al. NO$_x$ storage reduction over Pt-Ba/$\gamma$-Al$_2$O$_3$ catalyst. Journal of Catalysis, 2001, 204 (1): 175-191.

[16]   Epling W S, Campbell G C, Parks J E. The effects of CO$_2$ and H$_2$O on the NO$_x$ destruction performance of a model NO$_x$ storage/reduction catalyst. Catalysis Letters, 2003, 90: 45-56.

[17]   Blakeman P, Arnby K, Marsh P, et al. Optimization of an SCR catalyst system to meet EUIV heavy duty diesel legislation. SAE Technical Paper, 2008, 2008-01-1542.

[18]   Lietti L, Forzatti P. Temperature programmed desorption/reaction of ammonia over V$_2$O$_5$/TiO$_2$ de-NO$_x$ing catalysts. Journal of Catalysis, 1994, 147 (1): 241-249.

[19]   Went G T, Leu L J, Bell A T. Quantitative structural analysis of dispersed vanadia species in TiO$_2$(anatase)-supported V$_2$O$_5$. Journal of Catalysis, 1992, 134 (2): 479-491.

[20]   Reddy B M, Kumar M V, Reddy E P, et al. Dispersion and thermal stability of vanadium oxide catalysts supported on titania-alumina binary oxide. Catalysis Letters, 1996, 36 (3/4): 187-193.

[21]   Reddy B M, Chowdhury B, Reddy E P, et al. X-ray photoelectron spectroscopy study of V$_2$O$_5$ dispersion on a nanosized Al$_2$O$_3$-TiO$_2$ mixed oxide. Langmuir, 2001, 17 (4): 1132-1137.

[22]   Vuurman M A, Wachs I E, Hirt A M. Structural determination of supported vanadium pentoxide-tungsten trioxide-titania catalysts by in situ Raman spectroscopy and X-ray photoelectron spectroscopy. The Journal of Physical Chemistry, 1991, 95 (24): 9928-9937.

[23]   Bond G. Preparation and properties of vanadia/titania monolayer catalysts. Applied Catalysis A: General, 1997, 157 (1): 91-103.

[24]   Dunn J P, Stenger H G, Wachs I E. Oxidation of SO$_2$ over supported metal oxide catalysts. Journal of Catalysis, 1999, 181 (2): 233-243.

[25]   Bourikas K, Fountzoula C, Kordulis C. Monolayer transition metal supported on titania catalysts for the selective catalytic reduction of NO by NH$_3$. Applied Catalysis B: Environmental, 2004, 52 (2): 145-153.

[26] Briand L E, Tkachenko O P, Guraya M, et al. Surface-analytical studies of supported vanadium oxide monolayer catalysts. The Journal of Physical Chemistry B, 2004, 108 (15): 4823-4830.

[27] Wang C, Yang S, Chang H, et al. Dispersion of tungsten oxide on SCR performance of V$_2$O$_5$-WO$_3$/TiO$_2$: Acidity, surface species and catalytic activity. Chemical Engineering Journal, 2013, 225 (1): 520-527.

[28] Engweiler J, Harf J, Baiker A. WO$_x$/TiO$_2$ catalysts prepared by grafting of tungsten alkoxides: Morphological properties and catalytic behavior in the selective reduction of NO by NH$_3$. Journal of Catalysis, 1996, 159: 259-269.

[29] Alemany L J, Lietti L, Ferlazzo N, et al. Reactivity and physicochemical characterisation of V$_2$O$_5$-WO$_3$/TiO$_2$ de-NO$_x$ catalysts. Journal of Catalysis, 1995, 155 (1): 117-130.

[30] Lietti L, Alemany J, Forzatti P, et al. Reactivity of V$_2$O$_5$-WO$_3$/TiO$_2$ catalysts in the selective catalytic reduction of nitric oxide by ammonia. Catalysis Today, 1996, 29 (1): 143-148.

[31] Parvulescu V, Boghosian S, Parvulescu V, et al. Selective catalytic reduction of NO with NH$_3$ over mesoporous V$_2$O$_5$-TiO$_2$-SiO$_2$ catalysts. Journal of Catalysis, 2003, 217 (1): 172-185.

[32] Zhang X, Li X, Wu J, et al. Selective catalytic reduction of NO by ammonia on V$_2$O$_5$/TiO$_2$ catalyst prepared by sol-gel method. Catalysis Letters, 2009, 130 (1/2): 235-238.

[33] Fang Z, Lin T, Xu H, et al. Novel promoting effects of cerium on the activities of NO$_x$ reduction by NH$_3$ over TiO$_2$-SiO$_2$-WO$_3$ monolith catalysts. Journal of Rare Earths, 2014, 32 (10): 952-959.

[34] Georgiadou I, Papadopoulou C, Matralis H, et al. Preparation, characterization, and catalytic properties for the SCR of NO by NH$_3$ of V$_2$O$_5$/TiO$_2$ catalysts prepared by equilibrium deposition filtration. The Journal of Physical Chemistry B, 1998, 102 (43): 8459-8468.

[35] Popa A F, Mutin P H, Vioux A, et al. Novel non-hydrolytic synthesis of a V$_2$O$_5$-TiO$_2$ xerogel for the selective catalytic reduction of NO$_x$ by ammonia. Chemical Communications, 2004, 19: 2214-2215.

[36] Gao R H, Zhang D S, Liu X G, et al. Enhanced catalytic performance of V$_2$O$_5$-WO$_3$/Fe$_2$O$_3$/TiO$_2$ microspheres for selective catalytic reduction of NO by NH$_3$. Catalysis Science & Technology, 2013, 3 (1): 191-199.

[37] Wu G X, Li J, Fang Z T, et al. FeVO$_4$ nanorods supported TiO$_2$ as a superior catalyst for NH$_3$-SCR reaction in a broad temperature range. Catalysis Communications, 2015, 64: 75-79.

[38] Wu G, Li J, Fang Z, et al. Effectively enhance catalytic performance by adjusting pH during the synthesis of active components over FeVO$_4$/TiO$_2$-WO$_3$-SiO$_2$ monolith catalysts. Chemical Engineering Journal, 2015, 271: 1-13.

[39] Cha W, Chin S, Park E, et al. Effect of V$_2$O$_5$ loading of V$_2$O$_5$/TiO$_2$ catalysts prepared via CVC and impregnation methods on NO$_x$ removal. Applied Catalysis B: Environmental, 2013, 140-141: 708-715.

[40] Stark W J, Pratsinis S E, Baiker A. Flame made titania/silica epoxidation catalysts. Journal of Catalysis, 2001, 203 (2): 516-524.

[41] García-Bordejé E, Calvillo L, Lázaro M, et al. Vanadium supported on carbon-coated monoliths for the SCR of NO at low temperature: Effect of pore structure. Applied Catalysis B: Environmental, 2004, 50 (4): 235-242.

[42] Boyano A, Iritia M, Malpartida I, et al. Vanadium-loaded carbon-based monoliths for on-board NO reduction: Influence of nature and concentration of the oxidation agent on activity. Catalysis Today, 2008, 137 (2): 222-227.

[43] Wang X Q, Shi A J, Duan Y F, et al. Catalytic performance and hydrothermal durability of CeO$_2$-V$_2$O$_5$-ZrO$_2$/WO$_3$-TiO$_2$ based NH$_3$-SCR catalysts. Catalysis Science & Technology, 2012, 2 (7): 1386-1395.

[44] Liu Z M, Zhang S X, Li J H, et al. Novel V$_2$O$_5$-CeO$_2$/TiO$_2$ catalyst with low vanadium loading for the selective catalytic reduction of NO$_x$ by NH$_3$. Applied Catalysis B: Environmental, 2014, 158-159: 11-19.

[45] Casanova M, Schermanz K, Llorca J, et al. Improved high temperature stability of NH$_3$-SCR catalysts based on rare earth vanadates supported on TiO$_2$-WO$_3$-SiO$_2$. Catalysis Today, 2012, 184 (1): 227-236.

[46] Phil H H, Reddy M P, Kumar P A, et al. $SO_2$ resistant antimony promoted $V_2O_5/TiO_2$ catalyst for $NH_3$-SCR of $NO_x$ at low temperatures. Applied Catalysis B: Environmental, 2008, 78 (3): 301-308.

[47] Wang Z H, Li X J, Song W J, et al. Promotional effect of Ag-doped Ag-V/$TiO_2$ catalyst with low vanadium loadings for selective catalytic reduction of $NO_x$ by $NH_3$. Reaction Kinetics, Mechanisms and Catalysis, 2011, 103 (2): 353-365.

[48] Putluru S S R, Jensen A D, Riisager A, et al. Heteropoly acid promoted $V_2O_5/TiO_2$ catalysts for NO abatement with ammonia in alkali containing flue gases. Catalysis Science & Technology, 2011, 1 (4): 631-637.

[49] Zhang S L, Li H Y, Zhong Q. Promotional effect of F-doped $V_2O_5$-$WO_3/TiO_2$ catalyst for $NH_3$-SCR of NO at low-temperature. Applied Catalysis A: General, 2012, 435-436: 156-162.

[50] Zhang S L, Zhong Q, Zhao W, et al. Surface characterization studies on F-doped $V_2O_5/TiO_2$ catalyst for NO reduction with $NH_3$ at low-temperature. Chemical Engineering Journal, 2014, 253: 207-216.

[51] Zhao W, Zhong Q, Pan Y X, et al. Systematic effects of S-doping on the activity of $V_2O_5/TiO_2$ catalyst for low-temperature $NH_3$-SCR. Chemical Engineering Journal, 2013, 228: 815-823.

[52] Anstrom M, Dumesic J, Topsøe N Y. Theoretical insight into the nature of ammonia adsorption on vanadia-based catalysts for SCR reaction. Catalysis Letters, 2002, 78 (1/4): 281-289.

[53] Nova I, Ciardelli C, Tronconi E, et al. $NH_3$-NO/$NO_2$ chemistry over V-based catalysts and its role in the mechanism of the fast SCR reaction. Catalysis Today, 2006, 114 (1): 3-12.

[54] Ciardelli C, Nova I, Tronconi E, et al. Reactivity of NO/$NO_2$ $NH_3$-SCR system for diesel exhaust aftertreatment: Identification of the reaction network as a function of temperature and $NO_2$ feed content. Applied Catalysis B: Environmental, 2007, 70 (1): 80-90.

[55] Tronconi E, Nova I, Ciardelli C, et al. Redox features in the catalytic mechanism of the "standard" and "fast" $NH_3$-SCR of $NO_x$ over a V-based catalyst investigated by dynamic methods. Journal of Catalysis, 2007, 245 (1): 1-10.

[56] Forzatti P, Lietti L. Recent advances in deNO$_x$ing catalysis for stationary applications. Heterogeneous Chemistry Reviews, 1996, 3 (1): 33-51.

[57] Gieshoff J, Schäfer-Sindlinger A, Spurk P C, et al. Improved SCR systems for heavy duty applications. SAE Technical Paper, 2000, 2000-01-0189.

[58] Chapman D M. Capture of volatilized vanadium and tungsten compounds in a selective catalytic reduction system: USA, US 8481452. 2013-07-09.

[59] Maunula T, Kinnunen T. Design and durability of vanadium-SCR catalyst systems in mobile off-road applications. SAE Technical Paper, 2011, 2011-01-1316.

[60] Busca G, Lietti L, Ramis G, et al. Chemical and mechanistic aspects of the selective catalytic reduction of $NO_x$ by ammonia over oxide catalysts: A review. Applied Catalysis B: Environmental, 1998, 18 (1/2): 1-36.

[61] Cavataio G, Jen H, Dobson D, et al. Laboratory study to determine impact of Na and K exposure on the durability of DOC and SCR catalyst formulations. SAE Technical Paper, 2009, 2009-01-2823.

[62] Kröcher O, Elsener M. Chemical deactivation of $V_2O_5/WO_3$-$TiO_2$ SCR catalysts by additives and impurities from fuels, lubrication oils, and urea solution: I. Catalytic studies. Applied Catalysis B: Environmental, 2008, 77 (3/4): 215-227.

[63] Nicosia D, Czekaj I, Kröcher O. Chemical deactivation of $V_2O_5/WO_3$-$TiO_2$ SCR catalysts by additives and impurities from fuels, lubrication oils and urea solution: Part II. Characterization study of the effect of alkali and alkaline earth metals. Applied Catalysis B: Environmental, 2008, 77 (3/4): 228-236.

[64] Chen J P, Buzanowski M A, Yang R T, et al. Deactivation of the vanadia catalyst in the selective catalytic reduction process. Journal of the Air & Waste Management Association, 1990, 40 (10): 1403-1409.

[65] Kamasamudram K, Currier N, Szailer T, et al. Why Cu- and Fe-zeolite SCR catalysts behave differently at low temperatures. SAE Technical Paper, 2010, 2010-01-1182.

[66] Long R Q, Yang R T, Chang R. Low temperature selective catalytic reduction (SCR) of NO with NH$_3$ over Fe-Mn based catalysts. Chemical Communications, 2002, 5: 452-453.

[67] Iwasaki M, Yamazaki K, Shinjoh H. NO$_x$ reduction performance of fresh and aged Fe-zeolites prepared by CVD: Effects of zeolite structure and Si/Al ratio. Applied Catalysis B: Environmental, 2011, 102 (1/2): 302-309.

[68] Schwidder M, Santhosh K M, Bentrup U, et al. The role of Brønsted acidity in the SCR of NO over Fe-MFI catalysts. Microporous and Mesoporous Materials, 2008, 111 (1/3): 124-133.

[69] Brandenberger S, Kröcher O, Wokaun A, et al. The role of Brønsted acidity in the selective catalytic reduction of NO with ammonia over Fe-ZSM-5. Journal of Catalysis, 2009, 268 (2): 297-306.

[70] Madia G, Koebel M, Elsener M, et al. Side reactions in the selective catalytic reduction of NO$_x$ with various NO$_2$ fractions. Industrial & Engineering Chemistry Research, 2002, 41 (16): 4008-4015.

[71] Brandenberger S, Kröcher O, Tissler A, et al. The state of the art in selective catalytic reduction of NO$_x$ by ammonia using metal-exchanged zeolite catalysts. Catalysis Reviews, 2008, 50 (4): 492-531.

[72] Høj M, Beier M J, Grunwaldt J D, et al. The role of monomeric iron during the selective catalytic reduction of NO$_x$ by NH$_3$ over Fe-BEA zeolite catalysts. Applied Catalysis B: Environmental, 2009, 93 (1/2): 166-176.

[73] Liu H Y, Wang J, Yu T, et al. The role of various iron species in Fe-β catalysts with low iron loadings for NH$_3$-SCR. Catalysis Science & Technology, 2014, 4 (5): 1350-1356.

[74] Brandenberger S, Kröcher O, Tissler A, et al. The determination of the activities of different iron species in Fe-ZSM-5 for SCR of NO by NH$_3$. Applied Catalysis B: Environmental, 2010, 95 (3/4): 348-357.

[75] Shwan S, Jansson J, Olsson L, et al. Deactivation mechanisms of iron-exchanged zeolites for NH$_3$-SCR applications. Catalysis Today, 2015, 258: 432-440.

[76] He C H, Wang Y H, Cheng Y S, et al. Activity, stability and hydrocarbon deactivation of Fe/Beta catalyst for SCR of NO with ammonia. Applied Catalysis A: General, 2009, 368 (1/2): 121-126.

[77] Pang L, Fan C, Shao L, et al. The Ce doping Cu/ZSM-5 as a new superior catalyst to remove NO from diesel engine exhaust. Chemical Engineering Journal, 2014, 253: 394-401.

[78] Hensen E J M, Zhu Q, Hendrix M M R M, et al. Effect of high-temperature treatment on Fe/ZSM-5 prepared by chemical vapor deposition of FeCl$_3$: Ⅰ. Physicochemical characterization. Journal of Catalysis, 2004, 221 (2): 560-574.

[79] Jiang S Y, Zhou R X. Ce doping effect on performance of the Fe/β catalyst for NO$_x$ reduction by NH$_3$. Fuel Processing Technology, 2015, 133: 220-226.

[80] Brandenberger S, Kröcher O, Casapu M, et al. Hydrothermal deactivation of Fe-ZSM-5 catalysts for the selective catalytic reduction of NO with NH$_3$. Applied Catalysis B: Environmental, 2011, 101 (3/4): 649-659.

[81] Toops T J, Nguyen K, Foster A L, et al. Deactivation of accelerated engine-aged and field-aged Fe-zeolite SCR catalysts. Catalysis Today, 2010, 151 (3/4): 257-265.

[82] Long R Q, Yang R T. Characterization of Fe-ZSM-5 catalyst for selective catalytic reduction of nitric oxide by ammonia. Journal of Catalysis, 2000, 194 (1): 80-90.

[83] 岳欣, 庞媛, 马遥, 等. 我国车用汽油、柴油有害物质和环保指标研究. 环境工程技术学报, 2012, 2 (4): 325-332.

[84]　He C H，Wang Y H，Cheng Y S，et al. Activity，stability and hydrocarbon deactivation of Fe/beta catalyst for SCR of NO with ammonia. Applied Catalysis A：General，2009，368（1/2）：121-126.

[85]　Li J H，Zhu R H，Cheng Y S，et al. Mechanism of propene poisoning on Fe-ZSM-5 for selective catalytic reduction of NO$_x$ with ammonia. Environmental Science & Technology，2010，44（5）：1799-1805.

[86]　Heo I，Lee Y，Nam I S，et al. Effect of hydrocarbon slip on NO removal activity of Cu-ZSM-5，Fe-ZSM-5 and V$_2$O$_5$/TiO$_2$ catalysts by NH$_3$. Microporous and Mesoporous Materials，2011，141（1/3）：8-15.

[87]　Long R Q，Yang R T. Reaction mechanism of selective catalytic reduction of NO with NH$_3$ over Fe-ZSM-5 catalyst. Journal of Catalysis，2002，207（2）：224-231.

[88]　Grossale A，Nova I，Tronconi E，et al. The chemistry of the NO/NO$_2$-NH$_3$ "fast" SCR reaction over Fe-ZSM-5 investigated by transient reaction analysis. Journal of Catalysis，2008，256（2）：312-322.

[89]　Nova I，Tronconi E. Urea-SCR Technology for deNO$_x$ after Treatment of Diesel Exhausts. New York：Springer，2014.

[90]　Xu L，McCabe R W，Hammerle R H. NO$_x$ self-inhibition in selective catalytic reduction with urea (ammonia) over a Cu-zeolite catalyst in diesel exhaust. Applied Catalysis B：Environmental，2002，39（1）：51-63.

[91]　Tennison P，Lambert C，Levin M. NO$_x$ control development with urea SCR on a diesel passenger car. SAE Technical Paper，2004，2004-01-1292.

[92]　Lambert C，Cavataio G，Cheng Y S. Urea SCR and DPF system for Tier 2 diesel light-duty trucks. //US Department of Energy Diesel Engine Emission Reduction (DEER) Conference，Michigan，2006.

[93]　Schmieg S J，Lee J H. Evaluation of supplier catalyst fromulations for the selective catalytic reduction of NO$_x$ with ammonia. SAE Technical Paper，2005，2005-01-3881.

[94]　Baik J H，Yim S D，Nam I S. Control of NO$_x$ emissions from diesel engine by selective catalytic reduction（SCR）with urea. Topics in Catalysis，2004，30/31（1/4）：37-41.

[95]　Park J H，Park H J，Baik J H，et al. Hydrothermal stability of CuZSM5 catalyst in reducing NO by NH$_3$ for the urea selective catalytic reduction process. Journal of Catalysis，2006，240（1）：47-57.

[96]　Cheng Y，Xu L，Hangas J. Laboratory postmortem analysis of 120 k mi engine aged urea SCR catalyst. SAE Technical Paper，2007，2007-01-1579.

[97]　Ishihara T，Kagawa M，Hadama F. Copper ion-exchanged SAPO-34 as a thermostable catalyst for selective reduction of NO with C$_3$H$_6$. Journal of Catalysis，1997，169（1）：93-102.

[98]　Zones S I，Yuen L T，Miller S J. Small crystallite zeolite CHA：USA，US 6709644. 2004-03-23.

[99]　Bull I，Xue W M，Burk P. Copper CHA zeolite catalysts：USA，US 7601662. 2009-10-13.

[100]　Andersen P J，Bailie J E，Casci J L. Transition metal/zeolite SCR catalysts：USA，US 8603432. 2013-12-10.

[101]　Iwamoto M，Furukawa H，Mine Y，et al. Copper（Ⅱ）ion-exchanged ZSM-5 zeolites as highly active catalysts for direct and continuous decomposition of nitrogen monoxide. Journal of the Chemical Society Chemical Communications，1986，16（16）：1272-1273.

[102]　Wilken N，Wijayanti K，Kamasamudram K，et al. Mechanistic investigation of hydrothermal aging of Cu-beta for ammonia SCR. Applied Catalysis B：Environmental，2012，111-112：58-66.

[103]　Mihai O，Widyastuti C R，Andonova S，et al. The effect of Cu-loading on different reactions involved in NH$_3$-SCR over Cu-BEA catalysts. Journal of Catalysis，2014，311：170-181.

[104]　Sjövall H，Olsson L，Fridell E，et al. Selective catalytic reduction of NO$_x$ with NH$_3$ over Cu-ZSM-5：The effect of changing the gas composition. Applied Catalysis B：Environmental，2006，64（3/4）：180-188.

[105]　Komatsu T，Nunokawa M，Moon I S，et al. Kinetic studies of reduction of nitric oxide with ammonia on

Cu$^{2+}$-exchanged zeolites. Journal of Catalysis, 1994, 148（2）: 427-437.

[106] Bendricha M, Scheuerb A, Hayesa R E, et al. Unified mechanistic model for standard SCR, fast SCR, and NO$_2$ SCR over a copper chabazite catalyst. Applied Catalysis B: Environmental, 2018, 222: 76-87.

[107] Gao F, Wang Y, Washton N M, et al. Effects of alkali and alkaline earth cocations on the activity and hydrothermal stability of Cu/SSZ-13 NH$_3$-SCR catalysts. ACS Catalysis, 2015, 5（11）: 6780-6791.

[108] Wang J, Fan D Q, Yu T, et al. Improvement of low-temperature hydrothermal stability of Cu/SAPO-34 catalysts by Cu$^{2+}$ species. Journal of Catalysis, 2015, 322: 84-90.

[109] Chen B H, Xu R N, Zhang R D, et al. Economical way to synthesize SSZ-13 with abundant ion-exchanged Cu$^+$ for an extraordinary performance in selective catalytic reduction (SCR) of NO$_x$ by ammonia. Environmental Science & Technology, 2014, 48（23）: 13909-13916.

[110] Sultana A, Nanba T, Haneda M, et al. Influence of co-cations on the formation of Cu$^+$ species in Cu/ZSM-5 and its effect on selective catalytic reduction of NO$_x$ with NH$_3$. Applied Catalysis B: Environmental, 2010, 101（1/2）: 61-67.

[111] Cruciani G. Zeolites upon heating: Factors governing their thermal stability and structural changes. Journal of Physics and Chemistry of Solids, 2006, 67（9/10）: 1973-1994.

[112] Sano T, Ikeya H, Kasuno T, et al. Influence of crystallinity of HZSM-5 zeolite on its dealumination rate. Zeolites, 1997, 19（1）: 80-86.

[113] Schmieg S J, Oh S H, Kim C H, et al. Thermal durability of Cu-CHA NH$_3$-SCR catalysts for diesel NO$_x$ reduction. Catalysis Today, 2012, 184（1）: 252-261.

[114] Wilken N, Nedyalkova R, Kamasamudram K, et al. Investigation of the effect of accelerated hydrothermal aging on the Cu sites in a Cu-BEA catalyst for NH$_3$-SCR applications. Topics in Catalysis, 2013, 56（1/8）: 317-322.

[115] Gao F, Walter E D, Washton N M, et al. Synthesis and evaluation of Cu/SAPO-34 catalysts for NH$_3$-SCR 2: Solid-state ion exchange and one-pot synthesis. Applied Catalysis B: Environmental, 2015, 162: 501-514.

[116] Peden C H F, Kwak J H, Burton S D, et al. Possible origin of improved high temperature performance of hydrothermally aged Cu/beta zeolite catalysts. Catalysis Today, 2012, 184（1）: 245-251.

[117] Wang L, Gaudet J R, Li W, et al. Migration of Cu species in Cu/SAPO-34 during hydrothermal aging. Journal of Catalysis, 2013, 306: 68-77.

[118] Cavataio G, Girard J, Patterson J, et al. Laboratory testing of urea-SCR formulations to meet Tier 2 Bin 5 emissions. SAE Technical Paper, 2007, 2007-01-1575.

[119] Cheng Y, Montreuil C, Cavataio G, et al. Sulfur tolerance and deSO$_x$ studies on diesel SCR catalysts. SAE International Journal of Fuels and Lubricants, 2008, 1（1）: 471-476.

[120] Theis J R. The poisoning and desulfation characteristics of iron and copper SCR catalysts. SAE International Journal of Fuels and Lubricants, 2009, 2（1）: 324-331.

[121] Montreuil C, Lambert C. The effect of hydrocarbons on the selective catalyzed reduction of NO$_x$ over low and high temperature catalyst formulations. SAE International Journal of Fuels and Lubricants, 2008, 1（1）: 495-504.

[122] Ma L, Li J H, Cheng Y S, et al. Propene poisoning on three typical Fe-zeolites for SCR of NO$_x$ with NH$_3$: From mechanism study to coating modified architecture. Environmental Science & Technology, 2012, 46（3）: 1747-1754.

[123] Sultana A, Nanba T, Sasaki M, et al. Selective catalytic reduction of NO$_x$ with NH$_3$ over different copper exchanged zeolites in the presence of decane. Catalysis Today, 2011, 164（1）: 495-499.

[124] Wang D, Zhang L, Kamasamudram K, et al. *In situ*-DRIFTS study of selective catalytic reduction of NO$_x$ by NH$_3$

over Cu-exchanged SAPO-34. ACS Catalysis, 2013, 3（5）: 871-881.

[125] Kwak J H, Tonkyn R G, Kim D H, et al. Excellent activity and selectivity of Cu-SSZ-13 in the selective catalytic reduction of NO$_x$ with NH$_3$. Journal of Catalysis, 2010, 275（2）: 187-190.

[126] Kwak J H, Tran D, Burton S D, et al. Effects of hydrothermal aging on NH$_3$-SCR reaction over Cu/zeolites. Journal of Catalysis, 2012, 287: 203-209.

[127] Fickel D W, D'Addio E, Lauterbach J A, et al. The ammonia selective catalytic reduction activity of copper-exchanged small-pore zeolites. Applied Catalysis B: Environmental, 2011, 102（3/4）: 441-448.

[128] Wang J, Yu T, Wang X, et al. The influence of silicon on the catalytic properties of Cu/SAPO-34 for NO$_x$ reduction by ammonia-SCR. Applied Catalysis B: Environmental, 2012, 127: 137-147.

[129] Gao F, Washton N M, Wang Y, et al. Effects of Si/Al ratio on Cu/SSZ-13 NH$_3$-SCR catalysts: Implications for the active Cu species and the roles of Brønsted acidity. Journal of Catalysis, 2015, 331: 25-38.

[130] Yu T, Wang J, Shen M Q, et al. NH$_3$-SCR over Cu/SAPO-34 catalysts with various acid contents and low Cu loading. Catalysis Science & Technology, 2013, 3（12）: 3234-3241.

[131] Wang D, Gao F, Peden C H F, et al. Selective catalytic reduction of NO$_x$ with NH$_3$ over a Cu-SSZ-13 catalyst prepared by a solid-state ion-exchange method. ChemCatChem, 2014, 6（6）: 1579-1583.

[132] Fan S, Xue J, Yu T, et al. The effect of synthesis methods on Cu species and active sites over Cu/SAPO-34 for NH$_3$-SCR reaction. Catalysis Science & Technology, 2013, 3（9）: 2357-2364.

[133] Gao F, Walter E D, Washton N M, et al. Synthesis and evaluation of Cu-SAPO-34 catalysts for ammonia selective catalytic reduction. 1. Aqueous solution ion exchange. ACS Catalysis, 2013, 3（9）: 2083-2093.

[134] Cao Y, Lan L, Feng X, et al. Cerium promotion on the hydrocarbon resistance of a Cu-SAPO-34 NH$_3$-SCR monolith catalyst. Catalysis Science & Technology, 2015, 5（9）: 4511-4521.

[135] Cao Y, Feng X, Xu H, et al. Novel promotional effect of yttrium on Cu-SAPO-34 monolith catalyst for selective catalytic reduction of NO$_x$ by NH$_3$ (NH$_3$-SCR). Catalysis Communications, 2016, 76: 33-36.

[136] Cao Y, Zou S, Lan L, et al. Promotional effect of Ce on Cu-SAPO-34 monolith catalyst for selective catalytic reduction of NO$_x$ with ammonia. Journal of Molecular Catalysis A: Chemical, 2015, 398: 304-311.

[137] Fickel D W, Lobo R F. Copper coordination in Cu-SSZ-13 and Cu-SSZ-16 investigated by variable-temperature XRD. The Journal of Physical Chemistry C, 2009, 114（3）: 1633-1640.

[138] Korhonen S T, Fickel D W, Lobo R F, et al. Isolated Cu$^{2+}$ ions: Active sites for selective catalytic reduction of NO. Chemical Communications, 2011, 47（2）: 800-802.

[139] Kwak J H, Zhu H, Lee J H, et al. Two different cationic positions in Cu-SSZ-13? Chemical Communications, 2012, 48（39）: 4758-4760.

[140] Wang L, Li W, Qi G, et al. Location and nature of Cu species in Cu/SAPO-34 for selective catalytic reduction of NO with NH$_3$. Journal of Catalysis, 2012, 289: 21-29.

[141] Xue J, Wang X, Qi G, et al. Characterization of copper species over Cu/SAPO-34 in selective catalytic reduction of NO$_x$ with ammonia: Relationships between active Cu sites and de-NO$_x$ performance at low temperature. Journal of Catalysis, 2013, 297: 56-64.

[142] Bates S A, Verma A A, Paolucci C, et al. Identification of the active Cu site in standard selective catalytic reduction with ammonia on Cu-SSZ-13. Journal of Catalysis, 2014, 312: 87-97.

[143] Deka U, Lezcano-Gonzalez I, Weckhuysen B M, et al. Local environment and nature of Cu active sites in zeolite-based catalysts for the selective catalytic reduction of NO$_x$. ACS Catalysis, 2013, 3（3）: 413-427.

[144] Verma A A, Bates S A, Anggara T, et al. NO oxidation: A probe reaction on Cu-SSZ-13. Journal of Catalysis,

2014，312：179-190.

[145] Wang D，Jangjou Y，Liu Y，et al. A comparison of hydrothermal aging effects on NH$_3$-SCR of NO$_x$ over Cu-SSZ-13 and Cu-SAPO-34 catalysts. Applied Catalysis B：Environmental，2015，165：438-445.

[146] Briend M，Vomscheid R，Peltre M J，et al. Influence of the choice of the template on the short-and long-term stability of SAPO-34 zeolite. The Journal of Physical Chemistry，1995，99（20）：8270-8276.

[147] Kwak J H，Lee J H，Burton S D，et al. A common intermediate for N$_2$ formation in enzymes and zeolites：Side-on Cu-nitrosyl complexes. Angewandte Chemie International Edition，2013，52（38）：9985-9989.

[148] Szanyi J，Kwak J H，Zhu H，et al. Characterization of Cu-SSZ-13 NH$_3$ SCR catalysts：An *in situ* FTIR study. Physical Chemistry Chemical Physics，2013，15（7）：2368-2380.

[149] Paolucci C，Verma A A，Bates S A，et al. Isolation of the copper redox steps in the standard selective catalytic reduction on Cu-SSZ-13. Angewandte Chemie International Edition，2014，53（44）：11828-11833.

[150] Yu T，Hao T，Fan D Q，et al. Recent NH$_3$-SCR mechanism research over Cu/SAPO-34 catalyst. The Journal of Physical Chemistry C，2014，118（13）：6565-6575.

[151] 刘中民，黄兴云，何长青，等. SAPO-34 分子筛的热稳定性及水热稳定性. 催化学报，1996，（6）：59-62.

[152] Ma L，Cheng Y，Cavataio G，et al. Characterization of commercial Cu-SSZ-13 and Cu-SAPO-34 catalysts with hydrothermal treatment for NH$_3$-SCR of NO$_x$ in diesel exhaust. Chemical Engineering Journal，2013，225：323-330.

[153] Kim Y J，Lee J K，Min K M，et al. Hydrothermal stability of CuSSZ13 for reducing NO$_x$ by NH$_3$. Journal of Catalysis，2014，311：447-457.

[154] Leistner K，Olsson L. Deactivation of Cu/SAPO-34 during low-temperature NH$_3$-SCR. Applied Catalysis B：Environmental，2015，165：192-199.

[155] Liu X，Wu X，Weng D，et al. Durability of Cu/SAPO-34 catalyst for NO$_x$ reduction by ammonia：Potassium and sulfur poisoning. Catalysis Communications，2015，59：35-39.

[156] Ma J，Si Z C，Weng D，et al. Potassium poisoning on Cu-SAPO-34 catalyst for selective catalytic reduction of NO$_x$ with ammonia. Chemical Engineering Journal，2015，267：191-200.

[157] Wang L，Li W，Schmieg S J，et al. Role of Brønsted acidity in NH$_3$ selective catalytic reduction reaction on Cu/SAPO-34 catalysts. Journal of Catalysis，2015，324：98-106.

[158] Ye Q，Wang L，Yang R T. Activity，propene poisoning resistance and hydrothermal stability of copper exchanged chabazite-like zeolite catalysts for SCR of NO with ammonia in comparison to Cu/ZSM-5. Applied Catalysis A：General，2012，427-428：24-34.

[159] Blakeman P G，Burkholder E M，Chen H Y，et al. The role of pore size on the thermal stability of zeolite supported Cu SCR catalysts. Catalysis Today，2014，231：56-63.

[160] Ma L，Su W K，Li Z G，et al. Mechanism of propene poisoning on Cu-SSZ-13 catalysts for SCR of NO$_x$ with NH$_3$. Catalysis Today，2015，245：16-21.

[161] Zhang L，Wang D，Liu Y，et al. SO$_2$ poisoning impact on the NH$_3$-SCR reaction over a commercial Cu-SAPO-34 SCR catalyst. Applied Catalysis B：Environmental，2014，156-157：371-377.

[162] Wijayanti K，Andonova S，Kumar A，et al. Impact of sulfur oxide on NH$_3$-SCR over Cu-SAPO-34. Applied Catalysis B：Environmental，2015，166-167：568-579.

[163] Wijayanti K，Leistner K，Chand S，et al. Deactivation of Cu-SSZ-13 by SO$_2$ exposure under SCR conditions. Catalysis Science & Technology，2016，6（8）：2565-2579.

[164] Kato A，Matsuda S，Nakajima F，et al. Reduction of nitric oxide with ammonia on iron oxide-titanium oxide

catalyst. The Journal of Physical Chemistry, 1981, 85 (12): 1710-1713.

[165] Chen J P, Hausladen M C, Yang R T. Delaminated $Fe_2O_3$-pillared clay: Its preparation, characterization, and activities for selective catalytic reduction of No by $NH_3$. Journal of Catalysis, 1995, 151 (1): 135-146.

[166] Fabrizioli P, Bürgi T, Baiker A. Environmental catalysis on iron oxide-silica aerogels: Selective oxidation of $NH_3$ and reduction of NO by $NH_3$. Journal of Catalysis, 2002, 206 (1): 143-154.

[167] Teng H, Hsu L Y, Lai Y C. Catalytic reduction of NO with $NH_3$ over carbons impregnated with Cu and Fe. Environmental Science & Technology, 2001, 35 (11): 2369-2374.

[168] Marbán G, Fuertes A B. Kinetics of the low-temperature selective catalytic reduction of NO with $NH_3$ over activated carbon fiber composite-supported iron oxides. Catalysis Letters, 84 (1): 13-19.

[169] Apostolescu N, Geiger B, Hizbullah K, et al. Selective catalytic reduction of nitrogen oxides by ammonia on iron oxide catalysts. Applied Catalysis B: Environmental, 2006, 62 (1/2): 104-114.

[170] Roy S, Viswanath B, Hegde M S, et al. Low-temperature selective catalytic reduction of NO with $NH_3$ over $Ti_{0.9}M_{0.1}O_{2-\delta}$ (M = Cr, Mn, Fe, Co, Cu). The Journal of Physical Chemistry C, 2008, 112 (15): 6002-6012.

[171] Liu F, He H, Zhang C, et al. Selective catalytic reduction of NO with $NH_3$ over iron titanate catalyst: Catalytic performance and characterization. Applied Catalysis B: Environmental, 2010, 96 (3/4): 408-420.

[172] Mou X, Zhang B, Li Y, et al. Rod-shaped $Fe_2O_3$ as an efficient catalyst for the selective reduction of nitrogen oxide by ammonia. Angewandte Chemie International Edition, 2012, 51 (12): 2989-2993.

[173] Tang X, Hao J, Xu W, et al. Low temperature selective catalytic reduction of $NO_x$ with $NH_3$ over amorphous $MnO_x$ catalysts prepared by three methods. Catalysis Communications, 2007, 8 (3): 329-334.

[174] Kapteijn F, Singoredjo L, Andreini A, et al. Activity and selectivity of pure manganese oxides in the selective catalytic reduction of nitric oxide with ammonia. Applied Catalysis B: Environmental, 1994, 3 (2/3): 173-189.

[175] Qi G, Yang R T, Chang R. $MnO_x$-$CeO_2$ mixed oxides prepared by co-precipitation for selective catalytic reduction of NO with $NH_3$ at low temperatures. Applied Catalysis B: Environmental, 2004, 51 (2): 93-106.

[176] Kang M, Yeon T, Park E, et al. Novel $MnO_x$ catalysts for NO reduction at low temperature with ammonia. Catalysis Letters, 2006, 106 (1/2): 77-80.

[177] Kang M, Park E D, Kim J M, et al. Manganese oxide catalysts for $NO_x$ reduction with $NH_3$ at low temperatures. Applied Catalysis A: General, 2007, 327 (2): 261-269.

[178] Smirniotis P G, Peña D A, Uphade B S. Low-temperature selective catalytic reduction (SCR) of NO with $NH_3$ by using Mn, Cr, and Cu oxides supported on hombikat $TiO_2$. Angewandte Chemie International Edition, 2001, 40 (13): 2479-2482.

[179] Smirniotis P G, Sreekanth P M, Peña D A, et al. Manganese oxide catalysts supported on $TiO_2$, $Al_2O_3$, and $SiO_2$: A comparison for low-temperature SCR of NO with $NH_3$. Industrial & Engineering Chemistry Research, 2006, 45 (19): 6436-6443.

[180] Li J, Chen J, Ke R, et al. Effects of precursors on the surface Mn species and the activities for NO reduction over $MnO_x$/$TiO_2$ catalysts. Catalysis Communications, 2007, 8 (12): 1896-1900.

[181] Wu Z, Jin R, Liu Y, et al. Ceria modified $MnO_x$/$TiO_2$ as a superior catalyst for NO reduction with $NH_3$ at low-temperature. Catalysis Communications, 2008, 9 (13): 2217-2220.

[182] Jin R, Liu Y, Wu Z, et al. Relationship between $SO_2$ poisoning effects and reaction temperature for selective catalytic reduction of NO over Mn-Ce/$TiO_2$ catalyst. Catalysis Today, 2010, 153 (3/4): 84-89.

[183] Chen L, Li J, Ge M. Promotional effect of Ce-doped $V_2O_5$-$WO_3$/$TiO_2$ with low vanadium loadings for selective catalytic reduction of $NO_x$ by $NH_3$. The Journal of Physical Chemistry C, 2009, 113 (50): 21177-21184.

[184]　Yang S，Guo Y，Chang H，et al. Novel effect of SO$_2$ on the SCR reaction over CeO$_2$: Mechanism and significance. Applied Catalysis B：Environmental，2013，136-137：19-28.

[185]　Li Y，Cheng H，Li D，et al. WO$_3$/CeO$_2$-ZrO$_2$，a promising catalyst for selective catalytic reduction（SCR）of NO$_x$ with NH$_3$ in diesel exhaust. Chemical Communications，2008，12：1470-1472.

[186]　Xu H，Feng X，Liu S，et al. Promotional effects of Titanium additive on the surface properties，active sites and catalytic activity of W/CeZrO$_x$ monolithic catalyst for the selective catalytic reduction of NO$_x$ with NH$_3$. Applied Surface Science，2017，419：697-707.

[187]　Xu H，Liu S，Wang Y，et al. Promotional effect of Al$_2$O$_3$ on WO$_3$/CeO$_2$-ZrO$_2$ monolithic catalyst for selective catalytic reduction of nitrogen oxides with ammonia after hydrothermal aging treatment. Applied Surface Science，2018，427：656-669.

[188]　Xu H，Liu J，Zhang Z，et al. Design and synthesis of highly-dispersed WO$_3$ catalyst with highly effective NH$_3$-SCR activity for NO$_x$ abatement. ACS Catalysis，2019，9（12）：11557-11562.

[189]　Shan W，Liu F，He H，et al. A superior Ce-W-Ti mixed oxide catalyst for the selective catalytic reduction of NO$_x$ with NH$_3$. Applied Catalysis B：Environmental，2012，115-116：100-106.

[190]　Zhang L，Li L，Cao Y，et al. Getting insight into the influence of SO$_2$ on TiO$_2$/CeO$_2$ for the selective catalytic reduction of NO by NH$_3$. Applied Catalysis B：Environmental，2015，165：589-598.

# 第 5 章　氨氧化催化剂

## 5.1　氨氧化技术原理

### 5.1.1　氨气的危害

氨气是一种具有刺激气味的有毒气体，通常以气体形式进入肺泡，被吸入肺内的氨气可以通过肺泡进入血液，与血红蛋白结合，使氧气和血红蛋白结合困难，破坏血红蛋白的运氧功能，使大脑缺氧，引起各种不适症状。氨溶解度极高时还会刺激并腐蚀人体的上呼吸道，降低人体的抵抗力。吸入过量的氨气会引起呼吸系统方面的疾病，并出现头痛、咽喉痛、嗅觉失灵、呕吐、胸痛等症状，也会强烈地刺激皮肤和眼睛。此外，氨气还是雾霾的促进剂，可以促进二次颗粒物的形成，因为氨气极易溶于水，一体积水可以溶解 700 体积的氨气，当大气湿度增高时，氨气能快速溶于大气中的水蒸气。由于大气污染，空气中存在的 $NO_2$ 和 $SO_2$ 与水蒸气反应分别生成液态亚硝酸和亚硫酸。液态亚硝酸和亚硫酸在氧气存在的条件下会转化成硝酸和硫酸，与氨气发生反应，生成固态的硝酸铵和硫酸铵，大大增加了空气中颗粒物的量。专家认为在轻污染天气中，硝酸铵和硫酸铵占 $PM_{2.5}$ 总量的 30%左右，重污染天甚至会超过 60%。随着雾霾越来越严重，人们对空气质量的要求越来越高，对 $NH_3$ 的排放量的限制也越来越严格。

### 5.1.2　氨气泄漏

SCR 催化剂用于处理尾气中的 $NO_x$，$NO_x$ 排放限值的降低要求 SCR 催化剂具有更高性能，通常采用添加过量还原剂尿素以提高 $NO_x$ 的转化率。根据 $NH_3$-SCR 反应方程式（$4NH_3 + 4NO + O_2 \longrightarrow 4N_2 + 6H_2O$）可以发现，当 $NH_3/NO_x$ 物质的量比（即氨氮比）小于 1 时，NO 的转化率随氨氮比的增加而增加。当 NO 的转化率达到 100%时，更高的氨氮比将导致 $NH_3$ 泄漏，随着氨氮比的增加，$NH_3$ 泄漏量增大。

SCR 系统常用尿素溶液作为 $NH_3$ 的前驱体，系统设计或者定量控制的不合理导致尿素喷到后处理系统的壁上，当尾气温度升高时，系统壁上的尿素分解导致大量 $NH_3$ 排出尾气管。合理地调整系统设计，控制还原剂的添加量可以降低由系

统原因造成的 $NH_3$ 泄漏。但是温度对 $NH_3$ 的存储量会有很大的影响，随着温度的升高 $NH_3$ 的存储量下降，$NH_3$ 的脱附量增加，导致反应气中 $NH_3$ 的量增加，使 NO 的转化率提高，同时未反应的 $NH_3$ 排出尾气管，发生 $NH_3$ 泄漏。由于 $NH_3$ 泄漏的问题越来越突出，排放标准对 $NH_3$ 的排放做了明确的规定，例如，欧Ⅵ标准中明确规定 $NH_3$ 的排放限值为 10ppm。

## 5.1.3　氨氧化反应

氨选择性催化氧化（selective catalytic oxidation of $NH_3$，$NH_3$-SCO）催化剂，简称氨氧化催化剂，又称氨泄漏催化剂（ammonia slip catalyst，ASC），位于 $NH_3$-SCR 催化剂的后端，主要作用是处理低温段（200~400℃）$NH_3$ 的泄漏问题[1, 2]。由于 $NH_3$ 的热氧化温度在 900℃以上[3]，氨氧化催化剂的使用可以降低反应活化能，降低反应温度，有效处理低温段 $NH_3$ 泄漏问题。氨氧化催化剂可以与 $NH_3$-SCR 催化剂为一个整体或者分开[4, 5]，体积较小，体积空速高达 8 万~30 万 $h^{-1}$，所以氨氧化催化剂需要在低温高空速下具有较高的活性。

$NH_3$ 与柴油车尾气中的氧气发生反应 [式（5-1）~式（5-3）]，因此不需要添加额外的反应物，但是需要控制副产物 NO 和 $N_2O$ 的生成问题。$NO_x$ 具有毒性，且 $NO_x$ 的生成会削弱前端 $NH_3$-SCR 催化剂的催化效率，降低 $NO_x$ 的转化率，而 $N_2O$ 具有强烈的温室效应。为了进一步了解这三个反应的特点，将从反应的热力学和动力学角度对氨氧化反应进行分析。

$$4NH_3 + 3O_2 \longrightarrow 2N_2 + 6H_2O \tag{5-1}$$

$$4NH_3 + 5O_2 \longrightarrow 4NO + 6H_2O \tag{5-2}$$

$$2NH_3 + 2O_2 \longrightarrow N_2O + 3H_2O \tag{5-3}$$

三个反应均为放热反应，从图 5-1（a）可以看出，三个反应的吉布斯自由能均小于零，表明三个反应都是热力学支持的。其中式（5-1）的吉布斯自由能最小，说明在热力学上生成 $N_2$ 的反应比生成 $N_2O$ 和 NO 的反应更易进行。热力学与温度有很大关系，低于 1000K，副产物 $N_2O$ 的生成易于 NO，高于 1000K，生成 NO 更容易。图 5-1（b）为氨氧化反应的平衡常数与温度的关系。可以看出在整个温度范围内，三个反应的平衡常数都是极高的，所以除了产物 $N_2$，副产物 $N_2O$ 和 NO 的生成是不可避免的。对于氨氧化催化剂来说，除了要考虑氨的转化率，氨氧化的选择性也是必须考虑的。氨氧化催化剂需要在低温、高空速及气体组成动态变化的条件下，具有高活性、高 $N_2$ 选择性，并且具有高的热稳定性[7,8]。

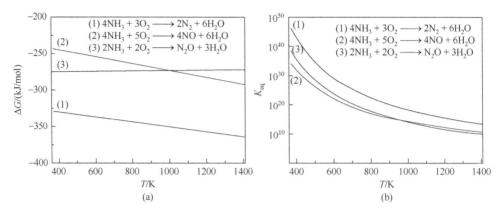

图 5-1　吉布斯自由能随温度变化曲线（a）及氨氧化反应中 $K_{eq}$ 随温度变化曲线（b）[6]

# 5.2　氨氧化催化剂的种类

## 5.2.1　贵金属催化剂

贵金属催化剂具有高效的低温氨氧化活性[5, 9, 10]，常用的贵金属催化剂有 Pt、Pd、Rh、Ru、Ag[11-15]和多组分贵金属系统（如 Pt-Rh 或 Pt-Pd-Rh）[16, 17]。对比 Pt、Pd 和 Rh 负载到 $Al_2O_3$ 和 ZSM-5 上的氨氧化性能，表明贵金属（Pt、Pd 和 Rh）均具有高效的氨氧化活性，但是 $N_2$ 选择性的结果并不理想，其中 Pt 基催化剂的 $N_2$ 选择性最低（Pt/ZSM-5 和 Pt/$Al_2O_3$ 的 $N_2$ 选择性在 300℃分别为 36% 和 42%），Pd 基催化剂和 Rh 基催化剂表现出了相对较高的 $N_2$ 选择性[18]。Pt/$Al_2O_3$ 催化剂的 $NH_3$-SCO 活性与载体的酸性和反应温度有很大关系，低于 125℃时，$NH_3$ 优先吸附在酸性载体 $Al_2O_3$ 上，而氧物种被优先吸附在 Pt 物种上，导致大量的 Pt 物种被氧物种覆盖，吸附在载体上的 $NH_3$ 不能被活化，从而使催化剂活性较低；在 125~250℃时，$NH_3$ 吸附在氧富集的 Pt 物种表面，易被活化，反应速率增加；大于 250℃时，吸附的 $NH_x$ 和氧更易脱附，使反应速率进一步增加[8, 19, 20]。为了进一步了解吸附物种的状态和吸附物种与 Pt 物种的相互作用[21]，采用 DFT 方法计算吸附分子在 Pt$_{20}$ 簇上的结构、电子状态和振动频率，发现表面吸附物种的吸附能大小为 $H_2O$＜$NH_3$＜OH＜$NH_2$＜NH＜N，其中最弱的吸附键是由电子转移形成的，而最强的吸附键是自由基中未成对电子与相邻 Pt 原子的 d 轨道重叠产生的。通过振动频率计算可知，$NH_2$ 和 NH 在 Pt 表面的强烈吸附会导致催化剂失活。

对于 Pd 基催化剂，以 Y 型分子筛为载体比 ZSM-5 为载体具有更好的低温活性。当 Pd 的上载量（质量分数，下同）为 5.51%时，Pd/ZSM-5 在 300℃时氨的转化率为 80%，$N_2$ 的选择性为 73%[22]。而对于 Pd/Y 催化剂，Pd 上载量为 1% 和 1.5% 时，在 300℃ 时，氨的转化率达到 100%，$N_2$ 选择性分别为 96% 和 95%，且随着 Pd 上载量的增加，催化剂活性进一步增加，当上载量为 2.5% 时活性达到最大值。对于 Pd 基分子筛催化剂的载体要求：较小的 Si/Al 的分子筛具有较多的酸性位，有利于活性物种的吸附；较大的比表面积，有利于活性组分的分散。在 Pd 基分子筛催化剂中，氧化钯（$PdO_x$）可以把 $NH_3$ 氧化为 NO，部分 $NH_3$ 被存储在分子筛骨架中与生成的 NO 反应产生 $N_2$，提高 $N_2$ 的选择性[23]。虽然 Pd 在 300℃ 以上表现出了优异的活性和 $N_2$ 选择性，但是 300℃ 以下活性并不理想，不能满足柴油车尾气氨氧化催化剂的要求。

Ag 基催化剂的活性和选择性主要与银物种的颗粒尺寸和存在状态有关[9, 24]。$Ag^0$ 是低温（<140℃）氨氧化反应的主要活性物种，预先还原处理的 $Ag/Al_2O_3$ 催化剂可以有效改善 $NH_3$-SCO 的低温活性，并且高分散度的 $Ag^0$ 物种有利于低温氨氧化活性的提高，但是会抑制 $N_2$ 选择性的增加，相反较大的 $Ag^0$ 颗粒更有利于提高 $N_2$ 选择性，但是会降低低温活性；而高于 140℃ 时，$Ag^+$ 是氨氧化反应的活性物种。因此 Ag 基催化剂的制备，不仅需要调控合适的颗粒尺寸，还要关注银物种的存在状态。在 Ag 基催化剂中，氨氧化反应的产物分布与温度有很大关系，低于 300℃ 时，产物主要是 $N_2$ 和 $N_2O$，高于 300℃ 时，产物为 NO 和 $N_2$。主要是因为低于 300℃ 时，生成的 NO 会吸附在 Ag 基催化剂的表面，覆盖活性中心，抑制氧的解离，而 $O_2$ 的解离是氨氧化反应的速控步骤。NO 的吸附可以抑制低温氨的氧化活性，随着温度升高，吸附的 NO 物种与 $NH_3$ 活化生成的 N 结合生成 $N_2O$，$NH_3$ 活化生成的 N 自身结合生成 $N_2$，所以低温产物主要是 $N_2$ 和 $N_2O$；大于 300℃ 时，吸附的 NO 可以直接脱附，此时产物主要是 $N_2$ 和 NO。此外，Ag 基催化剂氨氧化反应产物的选择性除了与反应温度相关，还与表面氧的覆盖度有关。低含量的表面活性氧物种有利于 $N_2$ 选择性的提高，所以低温 NO 在活性组分上的吸附虽然抑制了氨氧化反应，但是降低了表面氧的覆盖度，提高了 $N_2$ 的选择性。因此阻碍活性中心对氧物种的解离虽然不利于低温氨氧化反应的进行，但是却可以促进反应向着生成 $N_2$ 的方向进行，所以在 $NH_3$-SCO 反应中，氧的解离程度也是一个需要权衡考虑的问题。综上，贵金属催化剂在低温表现出很好的催化活性，但是 $N_2$ 选择性并不理想。

## 5.2.2　分子筛催化剂

分子筛因具有有序的孔结构、较大的比表面积和充分的表面酸性位，在氨氧化催化剂的制备中广泛应用。以 Y 型分子筛为载体，不同的过渡金属分子筛催化剂的氨氧化活性评价结果为 Cu/Y＞Cr/Y＞Co/Y＞Fe/Y＞Ni/Y＞Mn/Y[25]，其中

Cu/Y 具有最好的活性和较高的 $N_2$ 选择性（>95%）。用 NaOH 溶液处理催化剂 Cu/Y 后，在 300℃时，可以获得 100%氨转化率，且 $N_2$ 选择性保持不变。因为 Cu/Y 被 NaOH 处理后，更有利于形成高活性的$[Cu—O—Cu]^{2+}$物种和小颗粒的 CuO 物种，提高低温氨氧化活性。以 ZSM-5 为载体，制备的过渡金属分子筛催化剂的高温 $N_2$ 选择性顺序为 Co/ZSM-5≈Ni/ZSM-5<Mn/ZSM-5<HZSM-5<Cr/ZSM-5< Cu/ZSM-5<Fe/ZSM-5，其中 Fe/ZSM-5 和 Cu/ZSM-5 催化剂具有高的 $N_2$ 选择性。这说明在 $NH_3$-SCO 反应中，除了 Cu 基分子筛，Fe 基分子筛也具有优异的催化性能[22]。对于 Fe/ZSM-5 催化剂，焙烧后部分 $Fe^{2+}$被氧化成 $Fe^{3+}$，呈现 $Fe^{2+}$与 $Fe^{3+}$共存状态；Cu/ZSM-5 催化剂中也同时存在着 $Cu^{2+}$和 $Cu^+$，说明同时存在的可变价态 $Fe^{2+}/Fe^{3+}$和 $Cu^{2+}/Cu^+$，可以促进氧的吸附和活化，有利于氨氧化反应催化性能的提高[25]。然而，在 Mn/ZSM-5、Cr/ZSM-5 和 Ni/ZSM-5 催化剂中，活性组分以稳定的价态存在，不利于氧的活化，表现出相对低的催化性能。对比 Y 和 ZSM-5 为载体的过渡金属催化剂，活性顺序并不一致，说明同一活性组分以不同的分子筛为载体具有不同的氨氧化性能，即活性组分与分子筛载体之间存在最优匹配性，这主要是因为不同的分子筛有着不同的酸量、酸度和孔结构，影响着活性组分在载体表面的分布状态。此外，适量提高活性组分上载量，降低分子筛催化剂的 Si/Al，降低反应空速，对氨氧化反应也有促进作用[26]。

在过渡金属分子筛催化剂中，Fe 基分子筛和 Cu 基分子筛具有优异的 $NH_3$-SCO 催化性能。在低温段（<400℃），Cu 基分子筛比 Fe 基分子筛具有更好的低温活性[27, 28]，而在高温段 Fe 基分子筛的 $NH_3$-SCO 活性却大于 Cu 基分子筛。$NH_3$-SCO 活性和 $NH_3$-SCO 反应的 $N_2$ 选择性有很好的相关性，在氨氧化反应过程中，$NH_3$ 氧化生成的 NO 进一步与分子筛催化剂中存储的 $NH_3$ 发生 $NH_3$-SCO 反应生成 $N_2$，促进 $N_2$ 选择性的提高。因为在低温段 Cu 基分子筛比 Fe 基分子筛的 $NH_3$-SCO 活性更好，高温段相反，所以对于 $NH_3$-SCO 反应，Cu 基分子筛催化剂具有更优异的低温 $N_2$ 选择性，而 Fe 基分子筛表现出更高的高温 $N_2$ 选择性。此外，Fe 基和 Cu 基分子筛催化剂还可以催化还原氨氧化反应产生的副产物 $N_2O$[29, 30]，提高 $N_2$ 选择性。

## 5.2.3　过渡金属氧化物催化剂

常用的过渡金属氧化物有 $Co_3O_4$、$MnO_2$、CuO、$Fe_3O_4$、$MoO_3$、NiO 和 $V_2O_5$等[31-34]。过渡金属氧化物在 $NH_3$-SCO 反应中的活性顺序为 $MnO_2$≈$Co_3O_4$>CuO> NiO>$Fe_2O_3$>$V_2O_5$>$TiO_2$>CdO>PbO>ZnO>$ZrO_2$>$MoO_3$>$WO_3$[35]。因此，在过渡金属氧化物催化剂中，$Co_3O_4$ 和 $MnO_2$ 具有最好的 $NH_3$-SCO 活性，但是由于它们的主要氨氧化产物是 $N_2O$，其使用受到限制。CuO 物种以良好 $NH_3$-SCO 活

性和 $N_2$ 选择性被广泛应用于氨氧化催化剂中。对于 $Cu/Al_2O_3$ 催化剂，活性物质的存在状态一直存在争议。Gang 等[28,35]认为 $CuAl_2O_4$ 物种为氨氧化反应的活性物质，不同于大颗粒的 CuO，60%的 $CuAl_2O_4$ 物种是四面体，40%是八面体，而大颗粒 CuO 物种的 $NH_3$-SCO 活性低于 $CuAl_2O_4$ 物种。比较 Cu 上载量（质量分数，下同）分别为 5%、10%和 15%的 $Cu/Al_2O_3$ 催化剂的 $NH_3$-SCO 活性，当上载量为 10%时，催化剂表面含有最多的 $CuAl_2O_4$ 物种，呈现出最优异的氨氧化结果，在 300℃氨的转化率为 90%，$N_2$ 选择性为 97%。有人认为 CuO 物种比 $CuAl_2O_4$ 物种表现出更高的 $NH_3$-SCO 活性[36]。以$(CH_3COO)_2Cu$ 为前驱体制备的 $Cu/Al_2O_3$ 催化剂低温 $NH_3$-SCO 活性优于 $Cu(NO_3)_2$ 制备的催化剂，是因为$(CH_3COO)_2Cu$ 比 $Cu(NO_3)_2$ 更有利于高结晶度 CuO 物种的形成，而 $Cu(NO_3)_2$ 为前驱体有利于 $CuAl_2O_4$ 的形成。此外，因为 $CuAl_2O_4$ 物种可以通过固-固反应生成（$CuO + Al_2O_3 \longrightarrow CuAl_2O_4$），通过控制焙烧温度可以调变 Cu 物种的存在状态，当焙烧温度为 400~800℃时，有利于 CuO 物种的形成，当焙烧温度大于 800℃时，CuO 含量降低，$CuAl_2O_4$ 物种生成。

由于 $CeO_2$ 优异的储氧能力、丰富的氧空缺、易发生 $Ce^{3+}$ 和 $Ce^{4+}$ 的转化[9,10]等优点，经常作为氧的缓冲器，存储/释放氧，用于各类反应。将 $CeO_2$ 引入 CuO 中制备的 $CuO/CeO_2$ 体系，可以更好地促进 CuO 活性相的形成[37,38]。虽然共沉淀法制备的 $CuO/CeO_2$ 催化剂在 400℃可以获得 99%的 $NH_3$ 转化，但相对低的比表面积在一定程度上限制了 $NH_3$ 的转化。采用表面活性剂模板法制备 $CuO/CeO_2$ 催化剂[33]，$CeO_2$ 与 CuO 可以产生强的相互作用，使 CuO 具有更好的分散性，具有更高的低温活性：在 250℃，$NH_3$ 的转化率达到 100%，$N_2$ 选择性达到 95%。在 $CuO/CeO_2$ 混合氧化物催化剂中，高度分散的 CuO 物种是 $NH_3$ 的主要吸附位，吸附的 $NH_3$ 可以被进一步活化为 $NH_x$ 物种，活化的 $NH_x$ 物种和晶格氧反应生成 $N_2$、$N_2O$、$H_2O$。气态氧会补充消耗的晶格氧，而 Cu—O—Ce 物种可以促进气态氧的活化和转移，快速的氧化还原循环对 $NH_3$-SCO 活性有很好的促进作用，对高效的 $NH_3$ 转化是非常关键的。

在过渡金属氧化物催化剂中，最有前景的是 $CuO/Al_2O_3$ 催化剂。其中前驱体的选择、焙烧温度、助剂的使用都对催化剂的催化性能有着很大的影响。现阶段主要需要解决的还是低温活性的提高问题，以及柴油车真实尾气气氛下的模拟研究，提高其商业使用的可能性。

## 5.2.4　双功能催化剂

双功能催化剂结合了贵金属催化剂和分子筛催化剂或过渡金属氧化物催化剂的优点，具有优异的 $NH_3$-SCO 活性和 $N_2$ 选择性，因此是一种非常有应用前景的催化剂。在双功能催化剂中，过渡金属 Cu 或者 Fe 的添加可有效改善贵金属催化剂的 $N_2$ 选择性。$Ag/Al_2O_3$ 催化剂具有极好的低温活性，但是 $N_2$ 选择性不理想，将 Cu 添加到 $Ag/Al_2O_3$ 催化剂中提高了催化剂的 $N_2$ 选择性，大大降低了 $N_2O$ 的生成量，且低温活性下降不明显[39]。对于 $Au/MO_x/Al_2O_3$ 催化剂，在 500℃，$Au/Cu-Al_2O_3$ 和 $Au/Li-Ce-Al_2O_3$ 均具有优异的 $NH_3$-SCO 活性，但是 $Au/Cu-Al_2O_3$ 的 $N_2$ 选择性可达到 90% 以上，而 $Au/Li-Ce-Al_2O_3$ 的 $N_2$ 选择性最高仅有 60%[40]。对于 $Pt/Fe/ZSM-5$ 催化剂，Fe 的添加不仅提高了 $N_2$ 选择性，也有效改善了 $NH_3$-SCO 活性。$Pt/Fe/ZSM-5$ 催化剂中，Pt 颗粒分布在 Fe 物种的表面，Fe 和 Pt 之间存在相互作用，Fe 物种上的电子可以转移到 Pt 物种上，使 Pt 物种周围电子密度增加，进而提高低温氨氧化活性[41, 42]。在 $Pt/CuO/Al_2O_3$ 催化剂中，$NH_3$-SCO 反应发生在 Pt 和 CuO 的界面，由于 Pt 和 CuO 的协同作用，催化剂呈现出优异的低温 $NH_3$-SCO 活性和 $N_2$ 选择性[43]。

目前商用的氨氧化催化剂基本由两部分组成：一部分是分子筛催化剂，用于储存氨并还原 $NO_x$，常用的活性组分有 Fe 或者 Cu[44]；另一部分是贵金属催化剂，主要是把 $NH_3$ 氧化为 $NO_x$[45]，常用具有优异低温活性的 Pt 物种。商业氨氧化催化剂的制备常采用物理混合涂覆或者分层涂覆的方式。

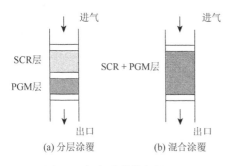

图 5-2　氨氧化催化剂的分层
涂覆（a）和混合涂覆（b）[46]

分层涂覆制备的整体式氨氧化催化剂，一般上层为铜或铁分子筛催化剂，下层为贵金属催化剂 [图 5-2（a）]。反应时，含有 $NH_3$ 的柴油车尾气进入催化剂，一部分 $NH_3$ 存储在上层分子筛催化剂中，一部分 $NH_3$ 穿过上层分子筛催化剂，在贵金属催化剂上发生氧化反应，生成的 $NO_x$ 外溢到上层分子筛催化剂中，和分子筛催化剂中储存的 $NH_3$ 发生 $NH_3$-SCR 反应，生成 $N_2$ 和 $H_2O$。

混合涂覆制备的整体式氨氧化催化剂 [图 5-2（b）]，贵金属催化剂与分子筛催化剂紧密接触，$NH_3$ 在贵金属催化剂上发生氨氧化反应生成的 NO，可快速传递到分子筛催化剂上，与分子筛中存储的 $NH_3$ 发生 $NH_3$-SCR 反应，生成产物 $N_2$ 和 $H_2O$。

在不同的条件下，分层涂覆与混合涂覆呈现不同的氨氧化性能。空速、温度、分子筛催化剂的孔结构和酸度、贵金属与分子筛活性组分之间的相互作用、分子筛催化剂与贵金属催化剂的比例等，都会影响氨氧化反应的催化性能。分层涂覆制备的催化剂虽然削弱了分子筛催化剂对贵金属催化剂的影响，但是存在一定程度的扩散障碍；混合涂覆制备的催化剂虽然具有较小的扩散障碍，但是高空速下，部分氨氧化产物 NO 直接脱附，流出催化剂。分层涂覆和混合涂覆制备的催化剂

均能有效改善 $N_2$ 选择性，降低副产物 $N_2O$ 和 NO 的生成量，但是都在一定程度上降低贵金属的低温 $NH_3$-SCO 活性。

## 5.3　氨氧化过程的反应机理

探究氨氧化反应机理有利于了解氨氧化反应的本质，优化催化剂的催化性能。然而由于检测手段的限制，中间物的完全捕捉存在一定的难度。现阶段，氨氧化反应机理的研究还处于在一定实验基础上的推测水平。不同催化剂上的氨氧化反应机理的相同点是反应的第一步为反应物 $NH_3$ 和 $O_2$ 吸附，然后被活化生成中间物种，最终生成产物并脱附。然而，不同催化剂之间存在表面酸量和酸度的差异，影响 $NH_3$ 的吸脱附能力，活性物种的差异影响反应物的活化和反应能力。此外，反应条件的改变也可能引起反应机理的改变[47-51]。目前，$NH_3$-SCO 的反应机理可能是 NH 机理、HNO 机理、$N_2H_4$ 机理或者 i-SCR 机理，也可能是几种机理共存。

### 5.3.1　NH 机理

针对 Pt 和 Rh 贵金属催化剂提出了 NH 机理[52, 53]，采用电子能量损失谱研究 Pt 催化剂，观察到稳定的 NH 和 $NH_2$ 中间物质，同时通过 N 与 N 或者与 O 的结合可以形成产物 $N_2$ 和 NO。采用 DFT 模拟研究 Pt（100）、Pt（111）[52]和 Rh（111）[53]表面的氨氧化反应机理，$NH_3$ 与吸附的 O 或者 OH 发生逐步脱氢反应形成 N，N 进一步反应生成产物 $N_2$、NO 和 $N_2O$，此研究用理论证实了 NH 机理的存在。采用红外漫反射技术对催化剂 $Ag/Al_2O_3$、$Ru/CeZrO_2$、$V_2O_5$ 等的反应机理进行研究，也检测到 $NH_3$ 脱氢形成的中间产物 $NH_2$、NH，进一步验证了 NH 机理[49, 50]。

NH 机理的具体过程：首先在催化剂表面吸附的反应物 $NH_3$ 与解离的 O 物种发生脱氢反应，生成 $NH_2$、NH 和 N 中间物种，生成的 N 与活性 O 或者 N 结合生成 NO 和 $N_2$，在低温生成的 NO 与 N 再结合生成产物 $N_2O$，随着温度升高，生成的中间产物 NO 的脱附速率大于与 N 的反应速率，导致产物 NO 生成，具体反应步骤如下：

$$O_2 \longrightarrow 2O \tag{5-4}$$

$$NH_3 + O \longrightarrow NH_2 + OH \tag{5-5}$$

$$NH_2 + O \longrightarrow NH + OH \tag{5-6}$$

$$NH + O \longrightarrow N + OH \tag{5-7}$$

$$N + N \longrightarrow N_2 \tag{5-8}$$

$$N + O \longrightarrow NO \tag{5-9}$$

$$N + NO \longrightarrow N_2O \tag{5-10}$$

### 5.3.2　HNO 机理

在氨氧化反应机理研究过程中，Zawadzki[54]提出了 HNO 机理。具体反应步骤：第一步是吸附的 $NH_3$ 与解离的 O 反应生成 NH 物种 [式（5-12）]。然后生成的 NH 被 O 氧化为 HNO 中间体 [式（5-13）]，中间体 HNO 与 NH 结合形成 $N_2$ 和 $H_2O$ [式（5-14）]，两个 HNO 结合生成副产物 $N_2O$ [式（5-15）]。此外，少量的中间产物 NH 和反应物 $O_2$ 结合生成 $HNO_2$，$HNO_2$ 分解生成副产物 NO。具体反应如下：

$$O_2 \longrightarrow 2O \tag{5-11}$$

$$NH_3 + O \longrightarrow NH + H_2O \tag{5-12}$$

$$NH + O \longrightarrow HNO \tag{5-13}$$

$$HNO + NH \longrightarrow N_2 + H_2O \tag{5-14}$$

$$2HNO \longrightarrow N_2O + H_2O \tag{5-15}$$

$$NH + O_2 \longrightarrow HNO_2 \tag{5-16}$$

$$HNO_2 \longrightarrow NO + OH \tag{5-17}$$

$$2OH \longrightarrow H_2O + O \tag{5-18}$$

### 5.3.3　$N_2H_4$ 机理

氨氧化反应机理与反应条件有很大的关系，当反应气氛中氧的浓度较低、催化剂的 $O_2$ 解离能力较差或者载体中的活性氧物种缺乏时，氨氧化按 $N_2H_4$ 机理进行[48,51]。$N_2H_4$ 机理的具体步骤是：首先吸附的 $NH_3$ 与活性 O 反应形成表面 $NH_2$ 物种 [式（5-19）]，然后两个 $NH_2$ 物种结合形成中间产物 $N_2H_4$ [式（5-20）]，中间产物 $N_2H_4$ 和 $O_2$ 反应生成产物 $N_2$ [式（5-21）] 或 $N_2O$ [式（5-22）]，而 $NH_2$ 直接与 $O_2$ 反应生成产物 NO [式（5-23）]。

$$NH_3 + O \longrightarrow NH_2 + OH \tag{5-19}$$

$$2NH_2 \longrightarrow N_2H_4 \tag{5-20}$$

$$N_2H_4 + O_2 \longrightarrow N_2 + 2H_2O \tag{5-21}$$

$$2N_2H_4 + 3O_2 \longrightarrow 2N_2O + 4H_2O \tag{5-22}$$

$$NH_2 + O_2 \longrightarrow NO + H_2O \tag{5-23}$$

### 5.3.4  i-SCR 机理

在氨氧化反应中，除了 NH 机理、HNO 机理和 $N_2H_4$ 机理，i-SCR（internal selective catalytic reduction）机理被研究者提出。i-SCR 机理主要由两步组成，第一步是 $NH_3$ 被氧化为 NO［式（5-24）］，第二步是生成的 NO 与未参加反应的 $NH_3$ 发生 $NH_3$-SCR 反应［式（5-25）］，主要产物是 $N_2$ 和 $H_2O$，也有部分副产物 $N_2O$ 生成［式（5-26）］。i-SCR 机理在多种类型的催化剂中已被证实，如 Pt、Pd、Rh[55]、$Pt_{95}$-$Rh_5$ 合金[56]、(Pt，Rh，Pd)/$Al_2O_3$、(Pt，Rh，Pd)/ZSM-5[18]、Ag[15]、Ag/$Al_2O_3$[49]、$Fe_2O_3$/$Al_2O_3$、$Fe_2O_3$/$TiO_2$、$Fe_2O_3$/$ZrO_2$、$Fe_2O_3$/$SiO_2$[31]、CuO/$Al_2O_3$[57]、Ni/$Al_2O_3$[58]等。

$$4NH_3 + 5O_2 \longrightarrow 4NO + 6H_2O \tag{5-24}$$

$$4NO + 4NH_3 + O_2 \longrightarrow 4N_2 + 6H_2O \tag{5-25}$$

$$4NO + 4NH_3 + 3O_2 \longrightarrow 4N_2O + 6H_2O \tag{5-26}$$

通过改变空速也可以证明 i-SCR 机理。空速决定反应物与催化剂表面的接触时间长短，当低空速时，反应物与催化剂表面接触时间足够长，i-SCR 机理中的两步反应可以充分进行。当空速增加时，$N_2$ 选择性降低，NO 的生成量增加，主要是因为高空速时，第一步反应生成的 NO 与剩余 $NH_3$ 反应的时间太短，NO 不能被充分还原，导致 $N_2$ 选择性降低，NO 的生成量增加。在催化剂 CuO/$Al_2O_3$ 的活性评价中，随着空速从 $0.0075cm^3/(g·s)$ 增加到 $0.075cm^3/(g·s)$，产物 NO 的量逐渐增加[57]。在研究 Cu-Mg-Fe 催化剂的 $NH_3$-SCO 和 $NH_3$-SCR 反应性能时发现，在 277℃开始发生 $NH_3$-SCO 反应，而 $NH_3$-SCR 活性比 $NH_3$-SCO 活性要低 100℃，由此可以判断氨氧化生成 NO 为整个氨氧化反应的速控步骤[59]。

总结 NH 机理、HNO 机理和 $N_2H_4$ 机理可知，氨氧化反应中活性氧物种的形成是 $NH_3$-SCO 反应的关键步骤，直接决定着中间产物种类，影响着氨氧化反应的产物分布。此外，氨氧化反应机理因催化剂的种类、反应条件的改变发生变化，甚至可能几种机理同时存在。采用 IR 和 EPR 技术，研究 Cu/Y 催化剂的氨氧化反应机理[60]。在无氧的状态下，检测到了 $N_2H_4$ 和 HNO 中间物种，且证实形成的 $N_2H_4$ 中间物种有利于 $N_2$ 生成。进一步研究其他过渡金属氧化物催化剂 $V_2O_5$、$V_2O_5$/$TiO_2$、$V_2O_5$-$WO_3$/$TiO_2$、$Fe_2O_3$/$TiO_2$、$CrO_x$/$TiO_2$ 的 $NH_3$-SCO 反应机理，吸附的 $NH_3$ 与过渡金属氧化物的表面晶格氧反应，检测到三种中间物 $NH_2$、$N_2H_4$、HNO。其中 $N_2H_4$ 是氨氧化反应生成 $N_2$ 的主要中间物，而 $NH_2$ 和 HNO 可导致 NO 生成[47]。在研究温度对 $NH_3$-SCO 反应机理的影响时，低于 140℃，Ag/$Al_2O_3$ 催化剂的氨氧化反应按 NH 机理进行，高于 140℃时，反应为 i-SCR 机理[49]。

总之，从目前的结果来看，不同催化剂种类及反应条件会导致不同的反应机理，因此，为了进一步深入了解氨氧化反应，需根据具体催化剂的种类和反应条件针对性地进行研究。

## 5.4　氨氧化催化剂的发展展望

从基础研究层面，氨氧化催化剂的发展展望如下。

（1）对于贵金属催化剂、分子筛催化剂和过渡金属氧化物催化剂的活性组分的确定，还需进一步验证。例如，在铜氧化物催化剂中，CuO 和 $CuAl_2O_4$ 物种在氨氧化反应过程中的具体作用还存在争议；对于 Pt 基催化剂，Pt 的最优颗粒尺寸、最高活性晶面等问题还没有研究。只有对活性物质的状态了解得更加清晰，才能调控反应过程，制备出更优异的氨氧化催化剂。

（2）由于 $NH_3$ 为碱性气体，所以催化剂酸性控制是非常重要的，而目前关于催化剂酸性的研究认为，L 酸有利于低温活性的提高，B 酸有利于高温 $N_2$ 选择性的改善，且中等强度的酸对活性更有利等。但这些观点还存在争议，且已有研究证明 B 酸在一定条件下可以转变为 L 酸，所以酸性对于氨氧化反应的贡献还需进一步验证，L 酸和 B 酸比例的调控将会在一定程度上改善催化剂对 $NH_3$ 的吸脱附和活性能力。

（3）催化剂的氧化还原能力与催化活性呈正相关，高温 $H_2$ 的消耗量与 $N_2$ 选择性呈正相关。这个观点的适用范围（只适合 i-SCR 机理的催化剂，还是具有普适性的）需要进一步验证。但可以通过控制催化剂活性组分状态，调控其氧化还原能力，进而改善其活性和 $N_2$ 选择性。对于催化剂整体性能的改善有更大作用。

满足商业应用的催化剂应该满足如下性能。

欧Ⅵ对氨氧化催化的 $NH_3$ 泄漏限值是 10ppm 以下。在使用温度 200～350℃，$NH_3$ 的泄漏值最大为 100ppm，所以在 200℃以上 $NH_3$ 的转化率要达到 90%，除了 $NH_3$ 的转化率，$N_2$ 的选择性也需要进一步提高，同时氨氧化催化剂的抗高空速、抗老化、抗水、抗硫性质也需要考虑。

目前为了获得高空速和高的 $N_2$ 选择性，在商业应用方面主要是使用双功能催化剂。双功能催化剂可以结合贵金属催化剂的低温高活性和分子筛催化剂的高 $N_2$ 选择性的优势，是综合性质较好的氨氧化催化剂，但是仍然存在一定的问题。从工业应用层面，氨氧化催化剂的发展展望如下。

（1）贵金属催化剂和分子筛催化剂结合使用后，会在一定程度上削弱贵金属催化剂的低温活性，而改变催化剂的涂覆方式及贵金属催化剂与分子筛催化剂的配比，并不能从根本上解决这个问题，只能在一定程度上改善。分子筛催化剂对贵金属催化剂的抑制作用原理需要进一步研究，从而有效地解决这一问题。

（2）分子筛催化剂的添加可以在很大程度上改善催化剂的 $N_2$ 选择性，抑制 $N_2O$ 副产物的生成，但是在 $250\sim350℃$ 的温度段仍然有少量 $N_2O$ 的生成。由于 $N_2O$ 的强温室效应，$N_2O$ 的泄漏需要控制，进一步降低 $N_2O$ 的泄漏是非常必要的。研究 $N_2O$ 的生成机理对于改善其泄漏问题有一定的指导作用。

（3）由于分子筛催化剂本身的抗老化性能差，双功能催化剂存在一定的抗老化问题。提高分子筛的性能，改善其抗老化能力，对于氨氧化催化剂的抗老化是有必要的。

# 参 考 文 献

[1]　Jabłonska M，Palkovits R. Copper based catalysts for the selective ammonia oxidation into nitrogen and water vapour-recent trends and open challenges. Applied Catalysis B：Environment，2016，181：332-351.

[2]　Slavinskaya E M，Kibs L S，Stonkus O A，et al. The effect of platinum dispersion and Pt state on catalytic properties of $Pt/Al_2O_3$ in $NH_3$ oxidation. ChemCatChem，2020，12：1-16.

[3]　Monnery W D，Hawboldt K A，Pollock A E，et al. Ammonia pyrolysis and oxidation in the claus furnace. Industrial and Engineering Chemistry Research，2001，40（1）：144-151.

[4]　Boorse R S，Caudle M T，Dieterle M，et al. Integrated SCR and $AMO_x$ catalyst systems：USA，US 8293182. 2012-10-23.

[5]　Scheuer A，Hauptmann W，Drochner A，et al. Dual layer automotive ammonia oxidation catalysts：Experiments and computer simulation. Applied Catalysis B: Environmental，2012，111（3）：445-455.

[6]　Chmielarz L，Jabłońska M. Advances in selective catalytic oxidation of ammonia to dinitrogen：A review. RSC Advances，2015，5（54）：43408-43431.

[7]　Kamasamudram K，Yezerets A，Chen X，et al. New insights into reaction mechanism of selective catalytic ammonia oxidation technology for diesel aftertreatment applications. SAE International Journal of Engines，2011，4（1）：1810-1821.

[8]　Sobczyk D P，Jong A M D，Hensen E J M，et al. Activation of ammonia dissociation by oxygen on platinum sponge studied with positron emission profiling. Journal of Catalysis，2003，219（1）：156-166.

[9]　Gang L，Anderson B G，van Grondelle J，et al. Low temperature selective oxidation of ammonia to nitrogen on silver-based catalysts. Applied Catalysis B: Environmental，2003，40（2）：101-110.

[10]　Weststrate C J，Bakker J W，Gluhoi A C，et al. Ammonia oxidation on Ir(111)：Why Ir is more selective to $N_2$ than Pt. Catalysis Today，2010，154（1/2）：46-52.

[11]　Hung C M. Cordierite-supported Pt-Pd-Rh ternary composite for selective catalytic oxidation of ammonia. Powder Technology，2010，200（1/2）：78-83.

[12]　Zhang L，He H. Mechanism of selective catalytic oxidation of ammonia to nitrogen over $Ag/Al_2O_3$. Journal of Catalysis，2009，268（1）：18-25.

[13]　Broek A C M，Grondelle J，Santen R A. Determination of surface coverage of catalysts：Temperature programmed experiments on platinum and iridium sponge catalysts after low temperature ammonia oxidation. Journal of Catalysis，1999，185（2）：297-306.

[14]　Burch R，Ramli A. A comparative investigation of the reduction of NO by $CH_4$ on Pt，Pd，and Rh catalysts. Applied Catalysis B：Environmental，1998，15（1）：49-62.

[15]　Gang L, Anderson B G, Grondelle J V, et al. Intermediate species and reaction pathways for the oxidation of ammonia on powdered catalysts. Journal of Catalysis, 2001, 199 (1): 107-114.

[16]　Hung C M. Application of Pt-Rh complex catalyst: Feasibility study on the removal of gaseous ammonia. International Journal of Physical Sciences, 2012, 7: 2166-2173.

[17]　Hung C M. Fabrication, characterization, and evaluation of the cytotoxicity of platinum-rhodium nanocomposite materials for use in ammonia treatment. Powder Technology, 2011, 209 (1-3): 29-34.

[18]　Li Y, Armor J N. Selective $NH_3$ oxidation to $N_2$ in a wet stream. Applied Catalysis B: Environmental, 1997, 13 (2): 131-139.

[19]　Sobczyk D P, Hensen E J M, de Jong A M, et al. Low-temperature ammonia oxidation over Pt/γ-alumina: The influence of the alumina support. Topics in Catalysis, 2003, 23 (1/4): 109-117.

[20]　Sobczyk D P, Grondelle J V, Thune P C, et al. Low-temperature ammonia oxidation on platinum sponge studied with positron emission profiling. Journal of Catalysis, 2004, 225 (2): 466-478.

[21]　Daramola A D, Botte G G. Theoretical study of ammonia oxidation on platinum clusters-adsorption of ammonia and water fragments. Computational and Theoretical Chemistry, 2012, 989 (6): 7-17.

[22]　Long R Q, Yang R T. Superior ion-exchanged ZSM-5 catalysts for selective catalytic oxidation of ammonia to nitrogen. Chemical Communications, 2000, 17 (17): 1651-1652.

[23]　Jabłonska M, Król A, Kukulska-Zając E, et al. Zeolites Y modified with palladium as effective catalysts for low-temperature methanol incineration. Applied Catalysis B: Environmental, 2015, 166-167: 353-365.

[24]　Zhang L, Zhang C, He H J. The role of silver species on Ag/$Al_2O_3$ catalysts for the selective catalytic oxidation of ammonia to nitrogen. Journal of Catalysis, 2009, 261 (1): 101-109.

[25]　Il'Chenko N I. Catalytic oxidation of ammonia. Russian Chemical Reviews, 1976, 45: 1119-1134.

[26]　Qi G, Yang R T. Selective catalytic oxidation (SCO) of ammonia to nitrogen over Fe/ZSM-5 catalysts. Applied Catalysis A: General, 2005, 287 (1): 25-33.

[27]　Yang R T, Long R Q. Selective catalytic oxidation (SCO) of ammonia to nitrogen over Fe-exchanged zeolites. Journal of Catalysis, 2001, 201 (1): 145-152.

[28]　Gang L, Anderson B G, Grondelle J V, et al. $NH_3$ oxidation to nitrogen and water at low temperatures using supported transition metal catalysts. Catalysis Today, 2000, 61 (1/4): 179-185.

[29]　Zhang X Y, Shen Q, He C M, et al. Investigation of selective catalytic reduction of $N_2O$ by $NH_3$ over an Fe-mordenite catalyst: Reaction mechanism and $O_2$ effect. ACS Catalysis, 2012, 2 (4): 512-520.

[30]　Rauscher M, Kesore K, Mönnig R, et al. Preparation of a highly active Fe-ZSM-5 catalyst through solid-state ion exchange for the catalytic decomposition of $N_2O$. Applied Catalysis A: General, 1999, 184 (2): 249-256.

[31]　Long R Q, Yang R T. Selective catalytic oxidation of ammonia to nitrogen over $Fe_2O_3$-$TiO_2$ prepared with a sol-gel method. Journal of Catalysis, 2002, 207 (2): 158-165.

[32]　Chmielarz L, Jabłońska M, Strumiński A, et al. Selective catalytic oxidation of ammonia to nitrogen over Mg-Al, Cu-Mg-Al and Fe-Mg-Al mixed metal oxides doped with noble metals. Applied Catalysis B: Environmental, 2013, 130-131 (3): 152-162.

[33]　Wang Z, Qu Z P, Quan X, et al. Selective catalytic oxidation of ammonia to nitrogen over CuO-$CeO_2$ mixed oxides prepared by surfactant-templated method. Applied Catalysis B: Environmental, 2013, 134-135 (9): 153-166.

[34]　Wang Z, Qu Z P, Quan X, et al. Selective catalytic oxidation of ammonia to nitrogen over ceria-zirconia mixed oxides. Applied Catalysis A: General, 2012, 411 (1): 131-138.

[35]　Gang L, Grondelle J V, Anderson B G, et al. Selective low temperature $NH_3$ oxidation to $N_2$ on copper-based

catalysts. Journal of Catalysis，1999，186（1）：100-109.

[36] Liang C，Li X，Qu Z，et al. The role of copper species on Cu/γ-Al$_2$O$_3$ catalysts for NH$_3$-SCO reaction. Applied Surface Science，2012，258（8）：3738-3743.

[37] Hung C M. Selective catalytic oxidation of ammonia to nitrogen on CuO-CeO$_2$ bimetallic oxide catalysts. Aerosol and Air Quality Research，2006，6（2）：150-169.

[38] Hung C M. Decomposition kinetics of ammonia in gaseous stream by a nanoscale copper-cerium bimetallic catalyst. Journal of Hazardous Materials，2008，150（1）：53-61.

[39] Lu G，Anderson B G，Grondelle J V，et al. Alumina-supported Cu-Ag catalysts for ammonia oxidation to nitrogen at low temperature. Journal of Catalysis，2002，206（1）：60-70.

[40] Lin S D，Gluhoi A C，Nieuwenhuys B E. Ammonia oxidation over Au/MO$_x$/γ-Al$_2$O$_3$-activity，selectivity and FTIR measurements. Catalysis Today，2004，90（1/2）：3-14.

[41] Long R Q，Yang R T. Noble metal（Pt，Rh，Pd）promoted Fe-ZSM-5 for selective catalytic oxidation of ammonia to N$_2$ at low temperatures. Catalysis Letters，2002，78（1/4）：353-357.

[42] Kim M S，Lee D W，Chung S H，et al. Oxidation of ammonia to nitrogen over Pt/Fe/ZSM-5 catalyst：Influence of catalyst support on the low temperature activity. Journal of Hazardous Materials，2012，237-238（17）：153-160.

[43] Olofsson G，Hinz A，Andersson A. A transient response study of the selective catalytic oxidation of ammonia to nitrogen on Pt/CuO/Al$_2$O$_3$. Chemical Engineering Science，2004，59（19）：4113-4123.

[44] Colombo M，Nova I，Tronconi E. A simplified approach to modeling of dual-layer ammonia slip catalysts. Chemical Engineering Science，2012，75（25）：75-83.

[45] Caudle M T，Dieterle M，Roth S A，et al. Bifunctional catalysts for selective ammonia oxidation：USA，US 7722845. 2010-05-25.

[46] Colombo M，Nova I，Tronconi E，et al. Experimental and modeling study of a dual-layer（SCR + PGM）NH$_3$ slip monolith catalyst（ASC）for automotive SCR aftertreatment systems. Part kinetics for the PGM component and analysis of SCR/PGM interactions. Applied Catalysis B: Environmental，2013，142（10）：337-343.

[47] Darvell L I，Heiskanen K，Jones J M，et al. An investigation of alumina-supported catalysts for the selective catalytic oxidation of ammonia in biomass gasification. Catalysis Today，2003，81（4）：681-692.

[48] Sil'chenkova O N，Korchak V N，Matyshak V A. The mechanism of low-temperature ammonia oxidation on metal oxides according to the data of spectrokinetic measurements. Kinetics and Catalysis，2002，43（3）：363-371.

[49] Yang M，Wu C Q，Zhang C B，et al. Selective catalytic oxidation of ammonia over copper-silver-based catalysts. Catalysis Today，2004，90：263-267.

[50] Chen W M，Ma Y P，Qu Z，et al. Mechanism of the selective catalytic oxidation of slip ammonia over Ru-modified Ce-Zr complexes determined by in situ diffuse reflectance infrared fourier transform spectroscopy. Environmental and Science Technology，2014，48（20）：12199-12205.

[51] Amores J M G，Escribano V S，Ramis G. et al. An FT-IR study of ammonia adsorption and oxidation over anatase-supported metal oxides. Applied Catalysis B: Environmental，1997，13（1）：45-58.

[52] Offermans W K，Jansen A P J，Santen R A V. Ammonia activation on platinum{111}：A density functional theory study. Surface Science，2006，600（9）：1714-1734.

[53] Popa C，Santen R A V，Jansen A P J. Density-functional theory study of NH$_x$ oxidation and reverse reactions on the Rh(111) surface. Journal of Physical Chemistry C，2007，111（27）：9839-9852.

[54] Zawadzki J. The mechanism of ammonia oxidation and certain analogous reactions. Discussions of Faraday Society，1950，8（8）：140-152.

[55] Pérez-Ramírez J，Kondratenko E V，Novell-Leruth G，et al. Mechanism of ammonia oxidation over PGM（Pt，Pd，Rh）wires by temporal analysis of products and density functional theory. Journal of Catalysis，2009，261（2）：217-223.

[56] Pérez-Ramírez J，Kondratenko E V，Kondratenko V A，et al. Selectivity-directing factors of ammonia oxidation over PGM gauzes in the temporal analysis of products reactor：Primary interactions of $NH_3$ and $O_2$. Journal of Catalysis，2004，227（1）：90-100.

[57] Curtin T，Regan F O，Deconinck C，et al. The catalytic oxidation of ammonia：Influence of water and sulfur on selectivity to nitrogen over promoted copper oxide/alumina catalysts. Catalysis Today，2000，55（1/2）：189-195.

[58] Amblard M，Burch R，Southward B W L. A study of the mechanism of selective conversion of ammonia to nitrogen on Ni/$\gamma$-$Al_2O_3$ under strongly oxidising conditions. Catalysis Today，2000，59（3/4）：365-371.

[59] Jabłońska M，Chmielarz L，Wegrzyn A. Selektywne katalityczne utlenianie（SCO）amoniaku do azotu i pary wodnej wobec mieszanych tlenków pochodzenia hydrotalkitowego-praca przeglądowa. Chemik，2013，67（8）：701-710.

[60] Williamson W B，Flentge D R，Lunsford J H. Ammonia oxidation over Cu(Ⅱ) NaY zeolites. Journal of Catalysis，1975，37（2）：258-266.

# 第6章 柴油车（机）尾气净化催化剂系统集成与应用

## 6.1 柴油车后处理系统技术路线

柴油车后处理系统的主要功能是减少 HC、CO、$NO_x$ 和 PM 的排放，所使用的催化剂分别是 DOC、DPF/CDPF、SCR 和 ASC。国III及以前的排放标准要求通过发动机自身技术进步无需安装催化剂就可以满足。国IV以后的排放标准对于不同的车辆的标准要求需要一种或者几种不同的催化剂组合使用。

国IV阶段轻型柴油车尾气后处理主要采用的是单 DOC 路线。此路线匹配简单，无需复杂的系统集成，但其最大的缺陷就是 PM 处理能力相对较低，因此这就要求发动机原始排放 PM 保持较低水平。另外，由于 DOC 活性组分以贵金属为主，而贵金属容易因为硫中毒而活性下降，所以 DOC 对硫较为敏感，在催化剂设计时要求该催化剂具有优良的抗硫性。此外，为了避免增加硫酸盐颗粒物的排放，在国III切换至国IV阶段，国家相关部门对柴油含硫量的标准也加严格。

重型柴油车国IV后处理主要采用两条路线：DOC + POC（颗粒氧化型催化剂）或发动机燃烧控制 + SCR 路线。前者 DOC + POC 路线，催化装置结构简单、制造成本低，对 PM 的净化效率达 50%~65%，若发生连续被动再生，可能导致 POC 颗粒物积聚，进而引起堵塞、失效，因而 POC 属于过渡性产品，仅适合低颗粒排放发动机，在高压共轨前提下才能满足国V标准。对于颗粒物排放较高的柴油发动机，要采取 DOC + DPF + 喷油再生技术路线才行。对于发动机燃烧控制 + SCR 路线，即先通过优化燃烧降低颗粒物排放，在允许 $NO_x$ 生成量有所增加的同时，采用 SCR 技术，降低 $NO_x$ 排放。此路线燃油经济性好，对燃油和润滑油品质要求低，无催化器堵塞风险，但 SCR 系统的喷射控制系统复杂，如使用 SCR 催化剂后，不但要提高 SCR 催化剂本身装置的质量，还要增加尿素溶液箱和尿素溶液，用车成本提高，另外还需匹配高灵敏度的 $NO_x$ 浓度传感器及相应的高精度的尿素喷射装置。而且在温度较低（约–11℃）时，尿素水溶液会结冰，这也使其在寒冷地区的推广使用受到限制。

从国IV到国V，对于轻型柴油车而言，标准中 $NO_x$ 限值降低了 28%，PM 限值降低了 82%，且对颗粒物数量（PN）也进行了明确限制，因此 DPF/CDPF 成为后处理催化剂的标准配置。系统主要采用 DOC + CDPF 路线。相对于国IV阶段，国 V 阶段轻型柴油机后处理系统对 DOC 提出了更高要求，不仅要求具有较高的 CO、HC 转化效率，还要提高下游 CDPF 催化剂的温度并且有优异的 NO→NO₂ 氧化能力，以满足 DPF 被动再生系统。在这里提高 CDPF 的温度主要通过向 DOC 喷射燃油，经过燃烧达到目的，因而需要精确控制燃油喷射量以避免温度过高或者未燃烧的碳氢化合物泄漏到下游，进而影响催化剂的性能。

就重型柴油车而言，由于国 V 标准提出了更低的 HC 和 NO$_x$ 的限值，要求 SCR 催化剂具有高瞬时转化率和较宽的活性温度窗口，国 V 阶段主要采用 DOC + SCR 路线，其中 SCR 催化剂以钒基催化剂为主。在国 Ⅳ 阶段 SCR 技术已趋于成熟，升级国 V 标准只需要调整一下技术参数，对发动机的改变不大，开发成本相对较低。

相比重型柴油车国 V 标准，国 Ⅵ（等同于欧 Ⅵ）阶段要求 NO$_x$ 限值降低了 77%，PM 限值也降低了 50%，同时，新增 NH₃ 泄漏限值 10ppm，颗粒物数量限值为 $6.0 \times 10^{11}$#/(kW·h)，限值的降低和 DPF 主动再生导致的高温，要求后处理系统必须长期具有高效转化的能力。传统的钒钛钨系列 SCR 催化剂已经无法满足要求，必须开发全新的净化碳氢化合物、氮氧化物和颗粒物的催化剂，此外还需要研究氨氧化催化剂。因此，重型柴油车要满足国 Ⅵ 标准，主流的后处理方案是 DOC + CDPF + SCR + ASC。其开发的重点和难点与国 V 一样，依然是氮氧化物的净化，要求 SCR 催化剂不但有较宽的活性温度窗口，还能在 DPF 再生导致高排温后具有优异的耐久性，以分子筛催化剂为主。

而对于小排量的柴油机，可能的后处理搭配是 DOC + LNT + CDPF。这是因为后处理系统如果继续采用上述策略，那么除了 SCR 催化剂外，还需要提供还原剂 NH₃ 等辅助装置，这样会导致后处理系统占用空间过大，不适宜小排量发动机，因而会采用另外一种 LNT 技术处理 NO$_x$。相比 SCR，LNT 技术除了本身催化装置结构简单、占用空间小外，在小排量发动机上只需要较少的贵金属，综合成本低。但是 LNT 技术也存在一定缺陷，由于 LNT 技术处理 NO$_x$ 需要发动机在稀燃和富燃之间切换，因而会增加对发动机标定的难度。

# 6.2　柴油发动机台架及整车测试方法

## 6.2.1　柴油车台架及整车试验规则

对于柴油车而言，已经建立的试验方法（包括发动机台架测试方法）主要有欧洲稳态循环（European steady state cycle，ESC）、欧洲负荷烟度试验（European load response test，ELR 试验）、欧洲瞬态循环（European transient cycle，ETC）、便携式排放测量系统（portable emission measurement system，PEMS）、实际行驶排放（real driving emission，RDE）、全球统一瞬态循环（world harmonized transient cycle，

WHTC)、全球统一稳态循环（world harmonized steady-state cycle，WHSC）等测试循环。欧洲早期在实施欧Ⅳ和欧Ⅴ标准时，发现柴油机在装有 SCR 催化剂后在实际道路排放测试中，$NO_x$ 实际排放能够达到限值的 3 倍，甚至更多，而这些柴油机按照标准中的测试方法进行检测都能够符合标准要求。深入分析后发现，在实际城市道路上行驶过程中，对于交通状态比较差的城市道路，车辆多在低速低功率工况条件下行驶，尾气温度长时间低于 300℃，甚至低于 250℃，而钒基催化剂在 280℃ 以下时，其净化 $NO_x$ 能力急剧下降，这就造成部分城市道路中 $NO_x$ 排放严重超标。并且 ESC/ETC 对于测试条件的规定存在较多的漏洞，例如，在测试中，允许企业先对发动机进行预热，待其尾气温度达到 SCR 活性温度后才进行测试。因此，ESC/ETC 不能真实反映车辆的实际运行工况条件。在欧Ⅳ和欧Ⅴ标准中采用的测试循环分别为 ESC 和 ETC，为了解决测试循环和实际道路工况之间脱节的问题，欧盟于 2009 年发布标准 EC/595/2009，2011 年修订为 EC/582/2011，并出台了重型车辆的欧Ⅵ标准。在欧Ⅵ标准中就正式推出了 WHSC 和 WHTC 测试循环。

　　我国的排放标准主要参考欧洲。国Ⅲ、国Ⅳ、国Ⅴ阶段柴油车主要采用 ESC 和 ETC。由于在标准执行过程中遇到了欧盟之前发现的同样的问题，城市道路实际运行中，SCR 催化剂的温度较低，$NO_x$ 排放超标。因此，环保部于 2014 年 1 月 16 日发布了《城市车辆用柴油发动机排气污染物排放限值及测量方法（WHTC 工况法）》（HJ 689—2014）[1]，提出采用与城市车辆运行工况吻合较好的全球统一重型发动机试验循环（全球统一瞬态循环，WHTC），作为城市车辆用重型柴油机型式核准的排放测试循环。并且在国Ⅵ阶段，正式规定采用世界统一的瞬态测试循环。

　　另外，从国Ⅳ阶段开始，增加了车载诊断系统（OBD）或车载测量系统（OBM）的要求，还增加了排放控制装置的耐久性要求，并且也对在用车符合性提出了要求。对于国Ⅲ阶段进行型式核准的传统柴油车，包括那些安装了电喷系统、废气再循环（EGR）和（或）氧化型催化器的柴油车，均应采用 ESC 和 ELR 试验规程测量其排气污染物。对于安装了先进的排气后处理装置包括 DOC 催化器和（或）颗粒捕集器的柴油车，应附加 ETC 试验规程测定排气污染物。对于国Ⅳ阶段、国Ⅴ阶段或加强环保型车辆（enhanced environmentally friendly vehicle，EEV）的型式核准试验，应采用 ESC、ELR 和 ETC 试验规程测定其排气污染物。

### 1. 发动机台架 ESC 测试循环

　　ESC 测试循环具体细节可参考 GB 17691—2005[2]。ESC 测试包括 13 个稳态工况的试验循环。对于规定的每个工况的测试是从已预热的发动机开始进行，并且每个工况都是从发动机排气中直接取样，并连续测试，每个工况均要测试发动机尾气的每种污染物的浓度、排气流量和输出功率，并将测量值进行加权。在整个试验过程中，需要将含有颗粒物的样气用经过处理的环境空气进行稀释，用适当的滤纸收集颗粒物。

表 6-1 是 ESC 的 13 个工况循环。表中 A、B、C 是发动机的转速，计算公式是

$$A = n_{lo} + 25\%(n_{hi} - n_{lo})$$
$$B = n_{lo} + 50\%(n_{hi} - n_{lo})$$
$$C = n_{lo} + 75\%(n_{hi} - n_{lo})$$

式中，$n_{lo}$ 为低转速，即发动机功率为最大净功率的 50%下的转速；$n_{hi}$ 为高转速，即发动机功率为最大净功率的 70%下的转速。

表 6-1　ESC 的 13 个工况循环

| 工况号 | 发动机转速 | 负荷百分数/% | 加权系数 | 工况时间/min |
|---|---|---|---|---|
| 1 | 怠速 | | 0.15 | 4 |
| 2 | A | 100 | 0.08 | 2 |
| 3 | B | 50 | 0.10 | 2 |
| 4 | B | 75 | 0.10 | 2 |
| 5 | A | 50 | 0.05 | 2 |
| 6 | A | 75 | 0.05 | 2 |
| 7 | A | 25 | 0.05 | 2 |
| 8 | B | 100 | 0.09 | 2 |
| 9 | B | 25 | 0.10 | 2 |
| 10 | C | 100 | 0.08 | 2 |
| 11 | C | 25 | 0.05 | 2 |
| 12 | C | 75 | 0.05 | 2 |
| 13 | C | 50 | 0.05 | 2 |

ESC 测试循环中 13 个工况总测试时间是 28min，测试涵盖了不同转速和不同负荷，测试循环较为完整，是发动机后处理催化转化器最常用的测试方法之一。在试验过程中，发动机必须按照每个工况所规定的时间运转，最初 20s 用于完成转速和负荷的转换。每个工况中规定的转速应保持在±50r/min 之内，规定的扭矩应保持在该试验转速下最大扭矩的±2%以内。

ESC 试验测得的 CO、HC、$NO_x$ 和 PM 的质量，以及 ELR 试验测得的不透光烟度，都不应超出表 6-2 中给出的限值。

表 6-2　ESC 和 ELR 试验限值　　　　　　[单位：g/(kW·h)]

| 阶段 | 一氧化碳(CO) | 碳氢化合物(HC) | 氮氧化物($NO_x$) | 颗粒物(PM) | 烟度 |
|---|---|---|---|---|---|
| 国Ⅲ | 2.1 | 0.66 | 5.0 | 0.10、0.13[a] | 0.8 |
| 国Ⅳ | 1.5 | 0.46 | 3.5 | 0.02 | 0.5 |
| 国Ⅴ | 1.5 | 0.46 | 2.0 | 0.02 | 0.5 |
| EEV | 1.5 | 0.25 | 2.0 | 0.02 | 0.15 |

a. 每缸排量低于 0.75dm³ 及额定功率转速超过 3000r/min 的发动机。

## 2. 发动机台架 ELR 测试循环

ELR 包含不同转速下的一次变化的负荷，构成一个整体试验循环并连续运行。在规定的负荷烟度试验中，采用不透光烟度计测量经过预热的发动机的排气烟度。试验包括三个不同的恒定转速下，将发动机的负荷由 10%突加到 100%的试验循环。此外，还需运行由检验机构任选的第四个加负荷过程，并将第四个加负荷过程的烟度测量值与上述三个加负荷过程的烟度测量值进行比较。

## 3. 发动机台架 ETC 测试循环

ETC 测试循环具体细节可参考 GB 17691—2005[2]，ETC 试验是 1800 个逐秒变换工况的试验循环，该工况是在大量实车的经验及实验基础上的数据总结。试验过程中，在规定的瞬态试验循环期间，使用测功机的发动机扭矩和转速的反馈信号，积分计算循环时间内发动机的输出功率，发动机的全部排气用经过调节的环境空气稀释，并从经过稀释的排气中取样测量排气污染物。应测量整个循环过程的稀释排气的流量，用于计算污染物的质量排放值。通过分析仪的积分方法测量整个循环中 $NO_x$ 和 HC 的浓度，CO、$CO_2$ 和非甲烷碳氢化合物（NMHC）浓度可以通过分析仪的积分方法或袋取样的方法测量，颗粒物则用适当滤纸按比例收集样品。

如图 6-1 所示，ETC 的测试包括了城市街道、乡村道路和高速公路。不同的测试环境，发动机的功率不同，尾气的温度、浓度均有较大的差异。通常，城市街道循环是所有测试中难度最大的，该循环过程中，车速慢，尾气温度较低，而且催化剂低温活性较差。

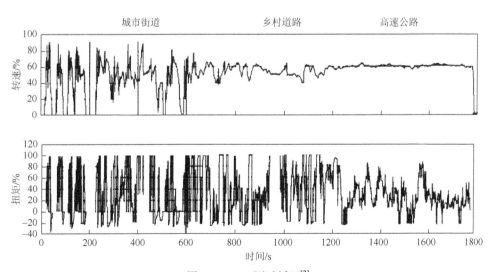

图 6-1　ETC 测试循环[2]

对于需进行 ETC 附加试验的柴油机和必须进行 ETC 试验的燃气发动机，其一氧化碳、非甲烷碳氢化合物、甲烷（如适用）、氮氧化物和颗粒物（如适用）的质量，都不应超出表 6-3 给出的数值。ETC 试验的数据必须是将尾气进行稀释后取样。

表 6-3　ETC 试验限值　　　　　　　[单位：g/(kW·h)]

| 阶段 | CO | NMHC | CH$_4^a$ | NO$_x$ | PM$^b$ |
|---|---|---|---|---|---|
| 国Ⅲ | 5.45 | 0.78 | 1.6 | 5.0 | 0.16、0.21$^c$ |
| 国Ⅳ | 4.0 | 0.55 | 1.1 | 3.5 | 0.03 |
| 国Ⅴ | 4.0 | 0.55 | 1.1 | 2.0 | 0.03 |
| EEV | 3.0 | 0.40 | 0.65 | 2.0 | 0.02 |

a. 仅对 NG 发动机；b. 不适用于国Ⅲ、国Ⅳ和国Ⅴ阶段的燃气发动机；c. 对每缸排量低于 0.75dm$^3$ 及额定功率转速超过 3000r/min 的发动机。

### 4. 发动机台架 WHSC 测试循环

WHSC 包含了若干转速规范值和扭矩规范值工况，在进行试验时，根据每台发动机的瞬态性能曲线将百分数转化成实际值。发动机按每个工况规定的时间运行，在（20±1）s 内以线性速度完成发动机转速和扭矩转换。为确定试验有效性，试验完成后应对照基准循环进行实际转速、扭矩和功率的回归分析。

在整个试验循环过程中测定气态污染物的浓度、排气流量和输出功率，测量值是整个循环的平均值。气态污染物可以连续采样或采样到采样袋。颗粒物取样经环境空气连续稀释并收集到合适的单张滤纸上。

WHSC 测试程序在工况 9 下进行热机，接着进行一个热启动测试循环。具体工况见表 6-4。

表 6-4　WHSC 试验循环

| 序号 | 转速规范百分数/% | 扭矩规范百分数/% | 工况时间/s |
|---|---|---|---|
| 1 | 0 | 0 | 210 |
| 2 | 55 | 100 | 50 |
| 3 | 55 | 25 | 250 |
| 4 | 55 | 70 | 75 |
| 5 | 35 | 100 | 50 |
| 6 | 25 | 25 | 200 |

| 序号 | 转速规范百分数/% | 扭矩规范百分数/% | 工况时间/s |
|---|---|---|---|
| 7 | 45 | 70 | 75 |
| 8 | 45 | 25 | 150 |
| 9 | 55 | 50 | 125 |
| 10 | 75 | 100 | 50 |
| 11 | 35 | 50 | 200 |
| 12 | 35 | 25 | 250 |
| 13 | 0 | 0 | 210 |
| 合计 | | | 1895 |

国 VI 阶段的 WHSC 工况循环的排放限值见表 6-5，与国 V 阶段相比，国 VI 阶段增加了 $NH_3$ 泄漏量、PN 等的限值。

**表 6-5　发动机标准循环排放限值**

| 试验 | CO/ [mg/(kW·h)] | HC/ [mg/(kW·h)] | NMHC/ [mg/(kW·h)] | CH4/ [mg/(kW·h)] | NOx/ [mg/(kW·h)] | NH3/ ppm | PM/ [mg/(kW·h)] | PN/ [1/(kW·h)] |
|---|---|---|---|---|---|---|---|---|
| WHSC 工况（CI） | 1500 | 130 | | | 400 | 10 | 10 | $8.0 \times 10^{11}$ |
| WHTC 工况（CI） | 4000 | 160 | | | 460 | 10 | 10 | $6.0 \times 10^{11}$ |
| WHTC 工况（PI） | 4000 | | 160 | 500 | 460 | 10 | 10 | $6.0 \times 10^{11}$ |

注：CI. 压燃式发动机；PI. 点燃式发动机。

### 5. 发动机台架 WHTC 测试循环

WHTC 测试循环具体细节可参考 HJ 689—2014[1]，如图 6-2 所示。WHTC 测试标准适用于总质量大于 3500kg 的城市车辆及其装用柴油发动机的型式核准、生产一致性检查和在用符合性检查。

WHTC 测试循环是目前国内发动机台架测试要求最严格的测试方法，包括了部分欧 VI 的技术要求。WHTC 循环引入了冷启动循环，完整的 WHTC 循环过程包括冷启动 WHTC 循环（通过自然冷却或强制冷却达到冷启动条件）、热浸和热启动 WHTC 循环，其中冷启动占整个循环的 14%，最终结果由冷、热 WHTC 测试循环排放结果加权得到。与 ETC 循环相比，WHTC 测试循环明显提高了低转速工况所占用的时间比例，尤其是提高了怠速工况占用时间的比例。

另外，由于在循环前 1200s，WHTC 测试循环中发动机运行转速和负荷较 ETC 循环偏低，排气温度明显低于 ETC 循环排气温度，尤其在前 400s，因此 WHTC 循环要求发动机排气后处理系统具有更好的低温性能。WHTC 测试循环在 1350～

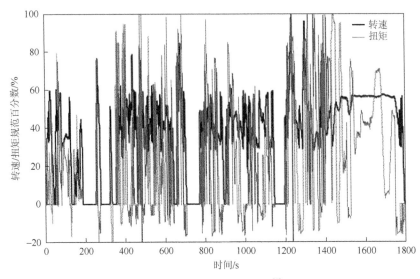

图 6-2　WHTC 测试循环[1]

1800s，由于发动机负荷的提高，排气温度高于 ETC 循环。因此，相比 ETC 循环，WHTC 循环更偏重于低速、低负荷工况，尤其是冷启动性能。

表 6-6 是 WHTC 测试循环国Ⅳ阶段、国Ⅴ阶段、国Ⅵ阶段的排放限值[3]。对于国Ⅵ阶段的 WHTC 循环测试，由于冷启动阶段的平均温度较正常使用温度低100℃以上，而 SCR 催化剂在 200℃以下无法工作，因此，冷启动阶段的污染物净化是后处理系统能够通过 WHTC 测试循环的一个关键点。另外，与 ETC 相比，WHTC 取消了乡村道路和高速公路阶段，而在 ETC 测试循环中，这两个阶段占到整个循环的 2/3，并且这两个阶段的排温也处于 SCR 的工作温度范围内，这在一定程度上也增加了后处理催化剂通过 WHTC 循环测试的难度。

表 6-6　WHTC 试验限值（国Ⅳ、国Ⅴ、国Ⅵ）　　[单位：g/(kW·h)]

| 阶段 | CO | NMHC | CH₄ᵃ | NOₓ | PMᵇ |
|---|---|---|---|---|---|
| 国Ⅳ | 4.0 | 0.55 | 1.1 | 3.7 | 0.03 |
| 国Ⅴ | 4.0 | 0.55 | 1.1 | 2.8 | 0.03 |
| 国Ⅵ | 4.0 | 0.16 | 0.5 | 0.46 | 0.01 |

a. 仅适用于燃气发动机；b. 不适用于燃气发动机。

发动机排气污染物的排放测量，包括气体组分（一氧化碳、总碳氢化合物、非甲烷碳氢化合物和氮氧化物），以及颗粒物。此外，二氧化碳经常被用来作为示踪气体以确定部分流稀释和全流稀释系统的稀释比。

## 6.2.2　发动机台架非标准循环

为了保证发动机在更宽的区域内保持高效净化污染物的作用，从而达标排放，法规在设定污染物测试循环 WHSC 和 WHTC 的同时，也增加了循环外排放控制 WNTE（发动机台架非标准循环）测试要求。WNTE 试验工况区域更加宽广，并且试验时随机选择符合标准要求的三个区域，三个区域的测试顺序是随机的，每个区域内的各个工况点也是随机选取，各个工况点试验时采用随机的试验顺序。WNTE 排放限值见表 6-7。

**表 6-7　发动机台架非标准循环排放限值**　　　[单位：mg/(kW·h)]

|  | CO | HC | $NO_x$ | PM |
|---|---|---|---|---|
| 排放限值 | 2000 | 220 | 600 | 16 |

## 6.2.3　整车车载法试验

PEMS 被称为便携式排放测量系统，也称为车载排放测量系统。由于 PEMS 可以通过实时测试车辆和发动机运行数据或来自排气管的尾气标本的污染物浓度数据，能够真实反映车辆排放情况，因此 PEMS 得到了国内外环保认证部门的广泛关注。PEMS 车辆试验的路线包括市区路、市郊路和高速路。

PEMS 试验需要在车辆启动前开始采样，测量排气参数并记录发动机及环境参数。在测试开始时，发动机冷却液温度不得超过 30℃，如果环境温度高于 30℃，测试开始时发动机冷却液温度不得高于环境温度 2℃。当发动机冷却液温度在 70℃ 以上，或者当冷却液的温度在 5min 内的变化小于 2℃ 时，以先到为准，但是不能晚于发动机启动后 20min，测试正式开始。具体测试过程如下。

测试运行期间，应持续进行排气取样、测量排气参数及记录发动机和环境数据。发动机可以停车或重新启动，但是在整个测试过程中排气取样应持续进行。

测试过程中，至少每隔 2h 对分析仪进行状态检查，以确认分析仪正常工作，但是检查期间记录的数据应做好标记，不能用于排放计算。

测试完毕，试验结束时，应预留足够的时间保证 PEMS 的响应时间。

由于 PEMS 测试的结果大多是通过瞬时数据进行分析，因此有必要根据测试因子的不同将污染物瞬时数据进行整合，并构建浓度分布图形进行对比分析，从而研究不同路况、车况的外界因素对排放的影响。

PEMS 主要用于研究实际道路环境中行驶车辆的排放情况，在整车上进行实际道路车载法排放试验，要求有效窗口中，90%以上要满足表 6-8 规定的排放限值要求。

表 6-8　整车车载法排放试验排放限值

| 发动机类型 | CO/[mg/(kW·h)] | HC/[mg/(kW·h)] | NO$_x$/[mg/(kW·h)] | PN/[1/(kW·h)] |
|---|---|---|---|---|
| 压燃式 | 6000 | | 690 | $1.2\times10^{12}$ |
| 点燃式 | 6000 | 240/750（NG） | 690 | |
| 双燃料 | 6000 | 1.5×WHTC 限值 | 690 | $1.2\times10^{12}$ |

注：NG 表示燃料为天然气。

# 6.3　整车（发动机）应用案例

## 6.3.1　轻型柴油车整车应用

### 1. 国Ⅳ轻型柴油车整车应用匹配

某轻型柴油车 N1 类第Ⅱ级车型，测试方法采用 GB 18352.3—2005[4]规定的新欧洲驾驶循环（NEDC）。针对这款车型采用双 DOC 方案，前级催化剂载体使用金属蜂窝通透式载体，直径为 101.6mm，高为 100mm，孔目数为 400 目，贵金属含量为 70g/ft$^3$；后级催化剂载体采用陶瓷蜂窝通透式载体，直径为 101.6mm，高为 100mm，孔目数为 400 目，贵金属含量为 30g/ft$^3$；平均贵金属含量为 50g/ft$^3$。前级使用金属载体，由于金属热容低，并且离发动机较近，载体升温快，在较高贵金属含量的 DOC 作用下很容易将尾气中的 HC、CO 和 SOF 处理掉。后级辅助前级将从前级泄漏的 HC、CO 和 SOF 处理得更彻底，使排放满足法规要求。

表 6-9 展示了该车型的原始排放，虽然未对 HC 做出明确的限制，但对 HC + NO$_x$ 排放做了限制要求。虽然 NO$_x$ 原始排放未超出限值，但 HC + NO$_x$ 原始排放超出限值。由于 DOC 的特殊性，不能处理 NO$_x$，DOC 应处理 HC 使 HC + NO$_x$ 排放控制在工程限值以内。CO 也超出限值，但 CO 超出国Ⅳ限值并不多，因此 DOC 对 CO 的处理相对容易。PM 工程限值是 33mg/km，原始排放达到 61.98mg/km，那么 DOC 需处理 50%以上的 PM 才能满足 PM 排放限值。PM 主要由碳烟颗粒和 SOF 等组成，其中 DOC 对碳烟颗粒的处理能力微乎其微，那么就需 DOC 对 SOF 具有很好的处理能力。

表 6-9　测试数据汇总　　　　　　　　（单位：mg/km）

| | $CO_2$ | CO | HC | $NO_x$ | $HC + NO_x$ | PM |
|---|---|---|---|---|---|---|
| 国Ⅳ限值 | | 630 | | 330 | 390 | 40 |
| 工程限值 | | 572 | | 330 | 390 | 33 |
| 原始排放 | 222092.37 | 697.86 | 131.25 | 319.87 | 451.11 | 61.98 |
| 安装 DOC | 249779.27 | 78.49 | 14.25 | 311.93 | 326.18 | 21.02 |

综合尾气温度测试和表 6-9 所示的原始排放数据可知，该车型需要匹配的 DOC 催化剂需对 HC、CO 和 SOF 具有很好的低温起燃性能，并且由于排温低，需使用热容低的金属载体以使催化剂载体迅速升高。

图 6-3 展示了该车型在 NEDC 循环中原始排放和安装催化剂后的 CO 的排放对比。由于排温较低，在前 100s 即使安装催化剂 DOC 后，CO 的转化率仅为 20%～30%。但随着循环的进行，尾气温度升高，催化剂温度升高，100s 后，安装 DOC 后 CO 的排放几乎降为 0，CO 的转化率高达 99% 以上。表 6-9 中展示了 CO 由原始排放的 697.86mg/km 降低至 78.49mg/km。

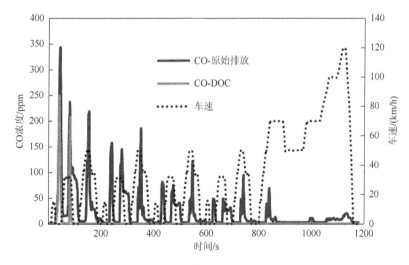

图 6-3　整车测试中安装 DOC 前后 CO 排放对比

图 6-4 展示了该车型在 NEDC 循环中原排和安装催化剂后的 HC 的排放对比。由于排温较低，在前 100s 即使安装催化剂 DOC 后，HC 基本无转化。但随着循环的进行，尾气温度升高，催化剂载体温度升高，100s 后，安装 DOC 后 HC 的

排放降低了很多，HC 的转化率达到 90%以上。表 6-9 中展示了 HC 由原始排放的 131.25mg/km 降低至 14.25mg/km。

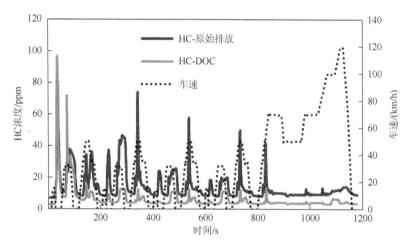

图 6-4　整车测试中安装 DOC 前后 HC 排放对比

由于 PM 测试方法是采用滤纸捕集尾气中的 PM，称量滤纸中捕集的 PM 的质量来计算 PM 的排放。表 6-9 中展示了 PM 由原始排放的 61.98mg/km 降低至 21.02mg/km。

图 6-5 展示了该车型在 NEDC 循环中原始排放和安装催化剂后的 $NO_x$ 的排放对比。由于 DOC 属于氧化型催化剂，对尾气中的 $NO_x$ 无处理能力，因此安装催化剂前后 $NO_x$ 排放无明显差异。

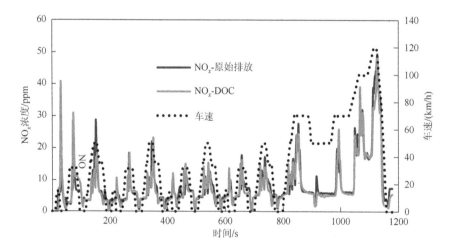

图 6-5　整车测试中安装 DOC 前后 $NO_x$ 排放对比

**2. 国 V 轻型柴油车整车应用匹配**

在 GB 18352.5—2013[5]中明确要求在国 V 阶段，轻型车车辆必须满足相应的排放和耐久要求，在实际应用中还要满足工程排放限值。针对 PM 和 PN 限值要求，在后处理系统中，通过柴油车氧化型催化剂（DOC）搭配催化型柴油颗粒捕集器（CDPF），在系统中加装 CDPF 成为必然选择。

某发动机排量为 2.8L，采用高压共轨系统，进行燃油喷射主动再生后处理形式，其整车原始排放典型温度具体数据如图 6-6 所示。

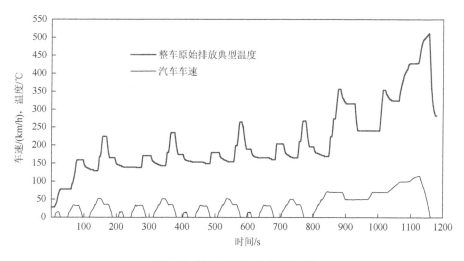

图 6-6　整车原始排放典型温度

图 6-6 数据表明，整车原始排放典型温度大部分时间段小于 300℃，整体排温偏低，尤其是在汽车启动的初始阶段，排温小于 150℃，因此对后处理系统的热管理要求非常高，同时对后处理安装布局也提出了非常高的要求，以实现后处理系统更好的热管理。

基于对发动机和国家排放标准的要求，设计 DOC + CDPF 搭配的后处理技术路线，有关催化单元的具体细节见表 6-10。

表 6-10　催化单元信息

| 催化单元 | 规格 | 贵金属/(g/ft³) | Pt/Pd/Rh（质量比） | 材质 |
| --- | --- | --- | --- | --- |
| DOC | Φ143.8mm×101.6mm/400 目 | 60 | 4：1：0 | 堇青石 |
| CDPF | Φ143.8mm×228.6mm/300 目 | 10 | 2：1：0 | SiC |

由于发动机原始排放温度非常低，同时结合喷油主动再生策略，考虑提高上

游 DOC 贵金属含量，以提高催化单元的燃油起燃温度，为下游 CDPF 主动再生提供足够的热量，使碳烟颗粒发生氧化燃烧。在 DPF 的催化涂层中添加贵金属，主要目的是在 250～500℃ 范围内供应足量的 $NO_2$，使 CDPF 能进行优良的被动再生反应，对催化单元封装装车后进行正常测试，整车排放检测数据见表 6-11。从表 6-11 中可以看出，该催化剂对 CO、HC、$NO_x$ 均有很高的转化率，远远满足国标和工程排放限值。

表 6-11　整车排放检测数据

| 检测项目 | $CO_2$/(mg/km) | CO/(mg/km) | HC/(mg/km) | $NO_x$/(mg/km) | (HC + $NO_x$)/(mg/km) | PM/(mg/km) | PN/(#/km) | 燃油消耗 | |
|---|---|---|---|---|---|---|---|---|---|
| | | | | | | | | L/100km | km/L |
| 排放限值 | | 740 | | 280 | 350 | 4.5 | $6.00 \times 10^{11}$ | | |
| 排放结果 | 206000 | 166 | 20 | 210 | 230 | 1.7 | $1.65 \times 10^{11}$ | 7.8 | 12.8 |
| 劣化后排放结果 | | 249 | 20 | 231 | 253 | 1.7 | $1.65 \times 10^{11}$ | | |

按 GB 18352.5—2013 的要求，符合国 V 排放标准的车的耐久里程为 16 万 km。根据标准要求，该款车进行了 16 万 km 的耐久测试，测试结果见表 6-12。

表 6-12　0～16 万 km 排放结果

| 测试项目 | 里程/万 km | CO/(g/km) | $NO_x$/(g/km) | HC/(g/km) | (HC + $NO_x$)/(g/km) |
|---|---|---|---|---|---|
| 排放限值 | | 0.74 | 0.28 | | 0.35 |
| 排放值 | 0 | 0.275 | 0.23 | 0.038 | 0.268 |
| | 1 | 0.384 | 0.25 | 0.025 | 0.275 |
| | 2 | 0.302 | 0.27 | 0.029 | 0.299 |
| | 3 | 0.498 | 0.23 | 0.029 | 0.259 |
| | 4 | 0.498 | 0.237 | 0.029 | 0.266 |
| | 5 | 0.408 | 0.187 | 0.019 | 0.206 |
| | 6 | 0.203 | 0.261 | 0.021 | 0.282 |
| | 7 | 0.347 | 0.254 | 0.028 | 0.282 |
| | 9 | 0.283 | 0.241 | 0.02 | 0.261 |
| | 13 | 0.421 | 0.239 | 0.041 | 0.28 |
| | 15 | 0.279 | 0.261 | 0.026 | 0.287 |
| | 16 | 0.157 | 0.273 | 0.017 | 0.29 |

整个 16 万 km 的排放测试结果表明，HC、CO、HC + NO$_x$ 及 NO$_x$ 的排放值满足国 V 标准且还有一定的富余量。综上所述，采用此技术路线和催化方案能满足国 V 标准 16 万 km 耐久要求。

### 6.3.2 重型柴油车整车应用

某款柴油发动机能够输出最大 200hp［1hp（马力）= 745.700W］的动力，输出最大扭矩为 720N·m，排量为 4.73L，是一款满足国 V/欧 V 标准的重型柴油车发动机。该款发动机适配 7.3～8.5m 公路客车、旅游客车、公交客车等。该款发动机后处理系统采用单 SCR 技术路线，搭配气助式尿素喷射系统，氨氮比（ANR）为 1.2。采用钒基催化剂的规格为 $\Phi$190.5mm×152.4mm/300 目两支一套，即催化剂的基体选用两个 300 目、底面直径为 190.5mm、高为 152.4mm、壁厚为 0.18mm 的圆柱体堇青石串联。单个堇青石基体体积是 4.34L，总体积是 8.68L。催化剂涂层上载量为 250～300g/L，测试条件为气时空速（gas hourly space velocity，GHSV）40000h$^{-1}$，氨氮比为 1.2。其单点 NO$_x$ 转化率见表 6-13，ESC 和 ETC 实测数据见表 6-14。测试结果表明，该催化剂对 NO$_x$ 具有很高的转化率，ESC 和 ETC 测试尾气中的 NO$_x$ 排放量分别只有国 V 标准排放限值的 30%和 64%。

**表 6-13　搭载钒基催化剂新鲜测试单点 NO$_x$ 转化率**

| 温度/℃ | 转化率/% | 标准限值/% |
| --- | --- | --- |
| 200 | 60.7 | 50 |
| 225 | 80.2 | 65 |
| 250 | 90.7 | 78 |
| 275 | 96.6 | 87 |
| 300 | 98.1 | 92 |
| 350 | 99.5 | 95 |
| 400 | 99.8 | 95 |

**表 6-14　发动机台架 ESC 和 ETC 测试数据总结**　[单位：g/(kW·h)]

| 机型 | ESC 实测 NO$_x$ 排放 | ESC 国 V 标准排放限值 | ETC 实测 NO$_x$ 排放 | ETC 国 V 标准排放限值 |
| --- | --- | --- | --- | --- |
| YC4EG200-50 | 0.60 | 2.0 | 1.28 | 2.0 |

某款柴油发动机能够输出最大 240hp 的动力，输出最大扭矩为 950N·m，排量为 6.87L，主要适配 4×2/6×2 载货车、自卸车等，目前已经在相关公司的车中搭载应用。这款发动机后处理系统同样采用单 SCR 技术路线，并搭配集成式尿

素喷射系统，ANR 为 1.2。匹配的催化剂规格为 $\Phi$266.7mm×(152.4＋101.6)mm/
400 目两支一套，即催化剂的基体选用 400 目、底面直径是 266.7mm、高是 152.4mm、
壁厚是 0.16mm 的圆柱体堇青石，串联一支其他规格相同但高度为 101.6mm 的圆
柱体堇青石。单个堇青石体积分别是 8.51L 和 8.0L，总体积是 16.51L。此次直接
用该发动机测试催化剂的老化性能。台架老化条件见表 6-15，单个循环为 4min，
估算整个老化测试的 500h 内，500℃ 左右的温度占 375h，占比 75%。运行过程中，
尿素喷射量根据实际发动机在各种工况下所需的点火控制曲线图（MAP 图）进
行计算。台架老化后，进行活性测试。测试条件为 GHSV ＝ 40000h$^{-1}$，ANR ＝ 1.2，
测试结果列于表 6-16。结果显示，整体排放满足要求，因此该催化剂通过耐久测
试考核。

表 6-15 发动机台架老化条件

| 序号 | 工况 | 时间/min | 转速/(r/min) | 扭矩/(N·m) | 油耗/(kg/h) | 进气流量/(kg/h) | 涡后温度/℃ |
|---|---|---|---|---|---|---|---|
| 1 | 怠速 | 0.5 | 650 | 45.1 | 2.12 | 135.7 | 373.8 |
| 2 | 超速 | 0.5 | 2550 | 29 | 11.44 | 922.5 | 247 |
| 3 | 超负荷 | 1.5 | 2415 | 758 | 45.41 | 1058.4 | 501 |
| 4 | 扭矩点 | 1.5 | 1600 | 1117 | 37.84 | 816 | 499.5 |

表 6-16 老化样测试结果

| 温度/℃ | 转化前 NO$_x$/ppm | 转化后 NO$_x$/ppm | 转化率/% |
|---|---|---|---|
| 400 | 1390 | 36 | 97.41 |
| 350 | 969.6 | 9.4 | 99.03 |
| 300 | 647 | 12.4 | 98.08 |
| 275 | 510 | 31 | 93.92 |
| 250 | 402 | 67.8 | 83.13 |
| 225 | 323 | 109 | 66.25 |
| 200 | 230 | 127 | 44.78 |

某款柴油发动机后处理系统采用 DOC ＋ SCR 技术路线。该款发动机最大动力
输出只有 100hp，输出最大扭矩为 260N·m，排量为 2.799L，主要适配 3T 以下的
中轻型卡车和自卸货车。

这款发动机后具体匹配的催化单元及方案信息如表 6-17 所示。针对分体式
和集成式两种封装方式分别检测了催化剂的单点 NO$_x$ 转化率，结果见表 6-18 和
表 6-19（测试空速 40000h$^{-1}$）。分体式封装的单点转化率正常，表现出来的综合性
能很好。集成式封装的转化率综合来说偏低，具体体现在 300℃ 以上，与分体式

差距明显。分析原因为集成式结构紧凑，尺寸相对有限，混合距离短，尿素雾化情况相对分体式差一些，因此后期需要对封装结构进行优化。但从分体式的单点转化结果及台架 ESC 和 ETC 测试数据（表 6-20）可知，催化剂本身的性能完全可以满足国 V 标准的排放要求。这也说明，在后处理系统中，封装的方案和封装的水平对整个系统的影响很大。

### 表 6-17 DOC + SCR 后处理方案

| 方案 | DOC 催化剂规格/mm | SCR 催化剂规格/mm | DOC 催化剂体积/L | SCR 催化剂体积/L |
| --- | --- | --- | --- | --- |
| 分体式 DOC + SCR | $\Phi143.8\times101.6$ | $\Phi190.5\times152.4$ | 1.65 | 8.68 |
| 集成式 DOC + SCR | $\Phi143.8\times152.4$ | $\Phi190.5\times152.4$ | 2.48 | 8.68 |

### 表 6-18 分体式测试结果

| 温度/℃ | 转速/(r/min) | 扭矩/(N·m) | 原始 $NO_x$/ppm | 进气流量/(kg/h) | 油耗/(kg/h) | 当量比 | 理论尿素喷射量/(mL/h) | 稳定 $NO_x$/ppm | 转化率/% |
| --- | --- | --- | --- | --- | --- | --- | --- | --- | --- |
| 400 | 1190 | 265 | 1500 | 136 | 7 | 1 | 631 | 75 | 95.00 |
| | 1190 | 265 | 1500 | 136 | 7 | 1.2 | 757 | 35 | 97.67 |
| 360 | 2400 | 277 | 828 | 422 | 15 | 1 | 1065 | 40 | 95.17 |
| | 2400 | 277 | 828 | 422 | 15 | 1.2 | 1278 | 5 | 99.40 |
| 300 | 2680 | 197 | 920 | 433 | 13 | 1 | 1207 | 35 | 96.20 |
| | 2680 | 197 | 920 | 433 | 13 | 1.2 | 1449 | 15 | 98.37 |
| 250 | 3000 | 111 | 410 | 441 | 10 | 1 | 544 | 71 | 82.68 |
| | 3000 | 111 | 410 | 441 | 10 | 1.2 | 653 | 31 | 92.44 |
| 210 | 3360 | 36 | 228 | 440 | 7.5 | 1 | 300 | 86 | 62.28 |

### 表 6-19 集成式测试结果

| 温度/℃ | 转速/(r/min) | 扭矩/(N·m) | 原始 $NO_x$/ppm | 进气流量/(kg/h) | 油耗/(kg/h) | 当量比 | 理论尿素喷射量/(mL/h) | 稳定 $NO_x$/ppm | 转化率/% |
| --- | --- | --- | --- | --- | --- | --- | --- | --- | --- |
| 400 | 1200 | 278 | 1600 | 140 | 7.8 | 1 | 696 | 230 | 85.63 |
| | 1200 | 278 | 1600 | 140 | 7.8 | 1.2 | 835 | 125 | 92.19 |
| 360 | 2580 | 250 | 808 | 431 | 15 | 1 | 1060 | 190 | 76.49 |
| | 2580 | 250 | 808 | 431 | 15 | 1.2 | 1272 | 100 | 87.62 |
| 300 | 2750 | 170 | 730 | 427 | 12 | 1 | 943 | 100 | 86.30 |
| | 2750 | 170 | 730 | 427 | 12 | 1.2 | 1132 | 47 | 93.56 |
| 250 | 3150 | 90 | 435 | 435 | 9.5 | 1 | 569 | 107 | 75.40 |
| | 3150 | 90 | 435 | 435 | 9.5 | 1.2 | 683 | 50 | 88.51 |
| 210 | 3400 | 20 | 225 | 419 | 7 | 1 | 282 | 90 | 60.00 |

**表 6-20　发动机台架 ESC 和 ETC 测试数据总结**　　　[单位: g/(kW·h)]

| 机型 | ESC 实测 $NO_x$ 排放 | ESC 国 V 标准排放限值 | ETC 实测 $NO_x$ 排放 | ETC 国 V 标准排放限值 |
|---|---|---|---|---|
| YCD4N4S-110 | 0.96 | 2.00 | 1.20 | 2.00 |

# 6.4　催化转化器的失效原因及解决方案

## 6.4.1　高温失活

常温下催化转化器不具备催化能力,其催化剂必须加热到一定温度才具有氧化或还原的能力,通常催化转化器的起燃温度为 250~350℃,正常工作温度一般为 350~800℃。催化转化器工作时会产生大量的热量,活性越高,氧化的温度也越高,当温度超过 850~1000℃时,其内涂层材料的烧结及贵金属活性组分的烧结和掩埋,导致催化剂活性下降。过高的温度(1300℃)也可能导致催化剂涂层脱落,堇青石陶瓷载体软化,局部烧结碎裂。所以必须注意控制造成排气温度升高的各种因素。例如,点火时间过迟或点火次序错乱、失火等,这些因素都会使未燃烧的混合气进入催化反应器,造成剧烈反应,使床层温度过高。因此应定时保养车辆以免排气恶化导致基础排放偏高,废气污染物各成分的浓度及总量过大造成净化器温度过高。

## 6.4.2　化学中毒

催化剂对硫、铅、磷、锌等元素敏感,硫和铅来自柴油,磷和锌来自润滑油,这四种物质及它们在发动机中燃烧后形成的氧化物会与催化剂中的活性组分发生化学反应(表 6-21),使其原有功能失效,从而失去催化作用,即所谓的"中毒"现象。因此,车辆平时必须使用正规的清洁柴油和符合要求的润滑油。

**表 6-21　催化剂中毒原因**

| 化学反应 | 性质 | 结果 |
|---|---|---|
| $Pd + SO_2 \longrightarrow PdSO_4$ | 不可逆失活 | 活性降低或安全失效 |
| $Al_2O_3 + SO_2 \longrightarrow Al_2(SO_4)_3$ | 不可逆失活 | 孔道堵塞 |
| $CeO_2 + P_2O_5 \longrightarrow CePO_4$ | 不可逆失活 | 储氧能力减低 |
| $BaO + SO_2 \longrightarrow BaSO_4$ | 可逆失活 | 选择性降低 |
| $Rh/Pt + SO_2 \longrightarrow Rh/Pt\text{-}SO_3$ | 可逆失活 | 活性降低 |

### 6.4.3　沉积失活

催化转化器因沉积物覆盖和堵塞失效造成发动机工作不正常是目前发动机很普遍的问题，其常见形式有：①燃油胶质和积炭覆盖在催化剂表面而造成的失效或堵塞。②燃油中添加的辛烷值提高剂甲基环戊二烯基三羰基锰（MMT）等燃烧后的灰分在相对较低的温度下以氧化锰形式覆盖在催化剂表面而造成的失效或堵塞。③发动机内部燃烧不完全产生的积炭是目前导致三元催化转化器失效的主要原因之一。积炭往往是一种含有碳、氢、硫、氮、氧、重金属等多种元素的混合物，使用质量不佳的燃油以及行驶在拥挤的道路上都会加剧积炭的生成。

### 6.4.4　与发动机不匹配

即使是同样的发动机、同样的催化转化器，车型不同，发动机常用的工作区间就不同，排气状况就发生变化，安装催化器的位置就不同，这些都会影响催化转化器的催化转化效率。因此，不同的车辆，应使用不同的催化转化器。

### 6.4.5　机械失活

净化器经极冷极热等极端环境导致陶瓷破裂失效；由于封装过松，陶瓷长期震动或与金属外壳摩擦导致磨损或破裂失效；因碰撞机械振动导致的陶瓷破碎失效。

### 6.4.6　催化转化器失效解决方案

催化转化器发生高温失活及化学中毒，通常难以有效恢复其活性，只能整体更换催化转化器。但是随着发动机技术和催化剂制备技术的提升，以及标准对润滑油和燃油中硫、磷和锰等元素的添加限制不断严格，由这两种原因造成的催化转化器失效已不多见。

### 参 考 文 献

[1]　环境保护部. 城市车辆用柴油发动机排气污染物排放限值及测量方法（WHTC 工况法）：HJ 689—2014. 北京：中国环境出版社，2015.

[2]　国家环境保护总局，国家质量监督检验检疫总局. 车用压燃式、气体燃料点燃式发动机与汽车排气污染物

排放限值及测量方法（中国Ⅲ、Ⅳ、Ⅴ阶段）：GB 17691—2005. 北京：中国环境科学出版社，2006.

[3] 环境保护部，国家质量监督检验检疫总局. 轻型汽车污染物排放限值及测量方法(中国第六阶段)：GB 18352.6—2016. 北京：中国环境出版社，2017.

[4] 国家环境保护总局，国家质量监督检验检疫总局. 轻型汽车污染物排放限值及测量方法（中国Ⅲ、Ⅳ阶段）：GB 18352.3—2005. 北京：中国环境科学出版社，2005.

[5] 环境保护部，国家质量监督检验检疫总局. 轻型汽车污染物排放限值及测量方法(中国第五阶段)：GB 18352.5—2013. 北京：中国环境出版社，2013.